现代室内设计的创新研究

叶向春 著

版权所有　侵权必究

图书在版编目（CIP）数据

现代室内设计的创新研究 / 叶向春著. -- 长春：北方妇女儿童出版社，2021.10
ISBN 978-7-5585-6125-2

Ⅰ．①现… Ⅱ．①叶… Ⅲ．①室内装饰设计—研究 Ⅳ．① TU238.2

中国版本图书馆CIP数据核字（2021）第225148号

现代室内设计的创新研究

XIANDAI SHINEI SHEJI DE CHUANGXIN YANJIU

出 版 人	师晓晖
责任编辑	李　嫒
装帧设计	王一然
封面绘画	秦　风
开　　本	787mm×1092mm　1/16
印　　张	9.5
字　　数	210千字
版　　次	2021年10月第1版
印　　次	2021年10月第1次印刷
印　　刷	北京宝莲鸿图科技有限公司
出　　版	北方妇女儿童出版社
发　　行	北方妇女儿童出版社
地　　址	长春市福祉大路5788号
电　　话	总编办：0431-81629600
定　　价	49.00元

前　言

随着人们生活水平的提高,对生活品质和精神世界的追求越来越高,家居环境、工作环境的设计风格也有了很大的提升。现代室内设计不仅包括建筑空间的平面设计和空间设计,还包括室内家具、灯光的布置和造型等,现代室内设计的风格对人们生活的品质有着直接的影响,并且随着社会潮流和人们的需求不断发展。

现代室内设计越来越重视创新,在未来,室内设计要实现创新,应追求简约时尚的设计理念,提升室内设计的感染力,注重室内设计的整体美感,提倡绿色设计。随着人们对环境问题的重视,现代社会越来越重视环境保护,在室内设计中,也越来越强调绿色设计,这也是今后室内设计的一个重要创新方向。所谓绿色设计,指的是在室内设计中追求人与自然的和谐,体现可持续发展理念。

本书主要针对现代室内设计的创新进行研究,首先介绍了现代室内设计的理论,然后详细分析了现代室内环境设计创新、现代室内风格设计创新、现代室内界面设计创新、现代室内色彩设计创新、现代室内光环境设计创新、现代室内家具设计创新,以及现代室内空间设计等相关内容,以供大家参考。

由于编者水平有限,书中难免有不妥之处,敬请广大读者提出宝贵意见。另外,本书在写作和修改过程中,查阅和引用了书籍以及期刊等相关资料,在此谨向本书所引用资料的作者表示诚挚的感谢。

目 录

第一章 现代室内设计的理论研究……………………………………………………1
第一节 现代室内设计的现状………………………………………………………1
第二节 现代室内设计风格…………………………………………………………3
第三节 现代室内设计的生态理念…………………………………………………6
第四节 现代室内设计中多元文化的表现…………………………………………9
第五节 现代室内设计的情感表达…………………………………………………11
第六节 现代室内设计的"低碳"实现……………………………………………14

第二章 现代室内环境设计创新研究…………………………………………………17
第一节 纤维艺术与室内环境设计…………………………………………………17
第二节 基于生态理念下的室内环境设计…………………………………………19
第三节 室内环境设计的创意空间和发展趋势……………………………………21
第四节 室内装饰设计的原则及创新………………………………………………23
第五节 室内设计中环境艺术的创新………………………………………………26
第六节 室内环境设计中的装饰创新………………………………………………27
第七节 建筑室内设计中色彩元素的创新…………………………………………31
第八节 青年公寓室内空间设计形式的创新………………………………………33
第九节 地域文化在中国室内设计中的传承与创新………………………………37
第十节 传统装饰元素在室内环境设计中的创新…………………………………39

第三章 现代室内风格设计创新研究…………………………………………………42
第一节 国内室内主要设计风格……………………………………………………42
第二节 田园风格室内设计…………………………………………………………44
第三节 舒适简约的室内设计………………………………………………………47
第四节 中式室内风格设计…………………………………………………………49

第五节　室内设计中地中海风格 ·· 51

  第六节　室内设计中的混搭风格 ·· 53

第四章　现代室内界面设计创新研究 ·· 56

  第一节　平面语言与室内界面设计 ·· 56

  第二节　形式美法则与室内界面设计 ·· 59

  第三节　室内顶界面设计要点 ·· 62

  第四节　公共空间室内界面模糊化的设计 ···································· 65

  第五节　室内空间竖向界面的适老化设计 ···································· 67

  第六节　"界面"中探寻建筑与室内设计 ······································ 69

  第七节　室内空间中的实体界面表达 ·· 72

第五章　现代室内色彩设计创新研究 ·· 75

  第一节　室内色彩设计的基本要求和方法 ···································· 75

  第二节　室内色彩设计的原则及价值意义 ···································· 77

  第三节　情感在室内色彩设计中的体现 ·· 79

  第四节　人性化的室内色彩设计 ·· 82

  第五节　室内设计色彩的合理运用 ·· 85

  第六节　室内空间色彩体验设计 ·· 87

  第七节　室内设计中色彩与环境设计的配置 ································ 90

第六章　现代室内光环境设计创新研究 ·· 93

  第一节　现代室内光环境设计趋势 ·· 93

  第二节　室内设计中的光环境设计 ·· 94

  第三节　节能性的室内自然光环境设计 ·· 97

  第四节　室内空间设计中光环境的营造 ·· 99

  第五节　室内光环境的台灯设计 ·· 101

  第六节　生态住宅室内微环境建筑设计 ·· 104

第七章　现代室内家具设计创新研究 ·· 108

  第一节　室内设计中家具设计的重要性 ·· 108

  第二节　室内设计风格与家具的搭配关系 ···································· 111

  第三节　简约家具的室内设计与装潢 ·· 113

  第四节　室内家具设计的人性化 ·· 116

  第五节　中式传统吉祥纹样与室内家具设计 ······································ 118

  第六节　立体构成在室内与家具设计中的应用 ··································· 121

第八章　现代室内空间设计 ·· 125

  第一节　室内空间设计的发展趋势 ··· 125

  第二节　样板房室内空间设计 ··· 127

  第三节　室内空间设计中的环保 ·· 130

  第四节　"人性化"室内空间设计 ··· 132

  第五节　室内空间设计中场所精神的营建 ··· 134

参考文献 ·· 140

第一章 现代室内设计的理论研究

第一节 现代室内设计的现状

随着科学技术的不断发展，人们的生活水平也在不断地提高，人们对于生活的各种要求越来越高。目前室内设计的范畴比较广泛，对于客车、火车、轮船等内部空间设计都属于室内设计。但是一般狭义的室内设计，人们把一些特定的建筑内部空间设计称之为室内设计，更多指的是居住空间的室内设计，对于室内设计人们更多追求的是将物质与情感进行结合，并且满足人们对于居住环境的舒适性、美观性等的要求。本节主要从现代室内设计的现状开始概述，探讨未来的发展趋势，展望室内现代设计的发展。

在现代社会，室内设计的发展必须要与社会的发展紧密结合，包括一些人文发展和环境保护，生态理念的发展。但是在该方面也存在一些问题，我们需要对现代室内设计进行分析，只有综合多方面进行分析，才能更好地把握当前的发展，并且对未来做符合实际的规划。

一、现代室内艺术设计现状

随着社会的进步、经济的发展和我国综合国力的提高，人们的物质和精神生活发生了日新月异的变化。消费观念和消费方式也都与时俱进，室内艺术设计成为消费的一个重要内容。随着人们审美能力的不断提高，这就要求住宅建设不断增加科技含量，实现住宅产业的现代化，使功能空间更加明晰，住宅的空间设计能够向着智能化、情感化的方向发展。当今国内的建筑业蓬勃发展，建筑设计领域展现出一片欣欣向荣的景象，这给我国室内设计行业的发展带来了机遇与挑战。从总体上看，室内环境设计学科的相对独立性日益增强；同时，与多学科、边缘学科的联系和结合趋势也日益明显。现代室内设计除了仍以建筑设计作为学科发展的基础外，工艺美术和工业设计的一些观念、思考和工作方法也日益在室内设计中显示其作用。

目前室内设计的发展，适应于当今社会发展的特点，趋向于多层次、多风格。即室内设计由于使用对象的不同、建筑功能和投资标准的差异，明显地呈现出多层次、多风格的发展趋势。但需要着重指出的是，不同层次、不同风格的现代室内设计都将更为重视人们在室内空间中的精神因素的需要和环境的文化内涵。专业设计在进一步深化和规范化的同时，业主参与设计的势头也将有所加强。这是由于室内空间环境的创造离不开使用者的切身需求，贴近生活能使使用功能更具实效，更为完善。由于室内环境具有周期更新的特点，且其更新周期相应较短，因此在设计、施工技术与工艺方面优先考虑干式作业、块件安装、预留措施等的要求日益突出。从可持续发展的宏观要求出发，室内设计将更为重视运用"绿色装饰材料"以防止环境污染，考虑节能与节省室内空间，创造有利于身心健康的室内环境，这也是由我国当前的环境所决定的。只有将我国的现代室内设计与当前国情，以及人们的生活需求紧密结合，才能设计出更好的作品。

二、现代室内设计未来发展趋势

（一）民族化发展

我国是一个历史悠久的文明古国，文化资源就像是一份特有的艺术瑰宝，源远流长。我们要将这份瑰宝不断地传承和发扬，我们在进行室内艺术设计时，不断结合现代思想，创造出适合我们的设计道路。这样的设计既能传承中华民族的精华，又能吸取国外优秀的养分。但是目前在我国的室内设计中抄袭现象十分严重，大多数都是借鉴和参考别人的意见，不仅没有自己的艺术设计思想，更没有将传统艺术融合在设计中。这就要求我们的设计师不断地提高自己的设计思想，并发挥主观能动性。

（二）智能化与生态化发展

随着科技的发展和一些资源问题的显现，我们的现代空间艺术设计会不断地朝着生态化发展，因为具有生态的设计理念可以不断地将我们的空间打造为绿色的、低碳的功能性的空间环境。但是因为技术的发展，我们的空间环境必须要拥有高度的安全性，这就必须使用我们的高新技术，将一些智能化的设计理念融合在设计中，打造出符合人们需要、符合当前社会环境的功能性空间艺术设计。

（三）人性化发展

设计是为了满足人类物质生存的需要，是人们为了改善生存环境而进行的有目的的活动。所以，室内设计是人类的一种思维的创造性活动，通过合理的规划，创造出符合人性的居住空间。设计的住宅是满足人的需求，搭配合适的环境，它的目标是全面提高人居环境品质，满足居住环境的健康性、自然性、环保性、亲和性和行动性，不断地提升人们的生活质量，同时达到"人——社会——自然"的和谐状态。因此，未来的现代室内艺术设计肯定会朝着人性化方向不断地发展，并且要不断地靠近大自然，使得环境与自然与人和谐发展，促进现代室内艺术设计的可持续发展。

虽然，现代室内艺术设计存在很多问题，有许多方面没有完善，如制度、专业化等，但是随着社会的发展，设计理念与设计方法也在不断地发展，我们的专业和行业也在不断地完善，相关的制度也会随着社会的发展不断地完善，在设计方面会有更多的创新。未来的设计理念会不断地向绿色、简洁、自然等方向发展，不断地满足社会的发展以及人们的生活需求，促进现代室内设计的发展。

第二节 现代室内设计风格

随着人们生活水平的提高，人们对生活品质和精神世界的追求也越来越高，家居环境、工作环境的设计风格也有了很大的提升。现代室内设计不仅包括建筑空间的平面设计和空间设计，还包括室内家具、灯光的布置和造型等，现代室内设计的风格对人们生活的品质有着直接的影响，并且随着社会潮流和人们的需求不断发展。本节主要针对现代室内设计风格的特征和类型展开分析，探讨现代室内设计风格的发展趋势，以供大家参考。

风格一般指的是一个时代或民族、流派或个人艺术作品所体现的思想特点、艺术特点等，对于室内设计的风格，往往会随着技术发展，材料的升级，使用功能，政治、思想观念等多种社会因素的改变而发生变化。室内设计风格的变化与这个时代的艺术发展状况紧密相连，能够同时反映当前社会历史发展和文化发展的情形，室内设计风格的发展推动着人们生活环境质量的提高。室内设计风格的形成并非一朝一夕，也不是依靠一两个人的力量就能完成的，而是与当地的人文环境、自然条件密切相关，同时当地的地理位置、历史传承、风俗习惯、气候物产、科技水平、生活方式、文化潮流、社会发展体制、民族特性、宗教信仰等因素都会对室内设计的风格产生影响。室内设计风格的种类非常多，有各种不同的流派和分类，本节主要针对现代室内设计风格展开讨论，分析现代室内设计风格的发展趋势。

一、现代室内设计风格的分类

回顾现代建筑与室内设计的发展史让我们明白了室内设计实际上是将建筑设计进一步深化，由此可见，现代室内设计风格反映整个建筑设计的特色，属于一个相对独立的科学体系，并且通过现代室内设计折射出现代工业文明发展的特色，展现人类历史和社会进步的方面，同时能够体现出社会变革与人们思想、价值、审美等方面的具体变化。从18世纪中叶欧洲工业革命时期开始，世界建筑风格开始呈现百花齐放的画面，从功能化的设计风格到理性化、装饰化的设计风格，一致朝多元化、综合化的设计风格转变，现代主义建筑设计、后现代主义建筑设计都展现了鲜明的时代风格，具备典型的主观特色，大胆地将艺术设计与使用功能相结合，将多种元素灵活应用于设计中。现代风格又分为简约和前卫两种具有代表性的设计风格。

（一）现代简约风格

现代简约风格的室内设计注重简约主义的装修，在建筑装饰和家居设计方面提倡简约，简化设计的元素、简化原材料的使用、简化灯光照明等元素的选用，注重色彩配比和选材的质感，对空间设计相对含蓄，采取以少胜多、以简胜繁的设计法则来达到需要的设计效果。室内选用现代简约设计风格会使许多细节变得简洁、大气，装饰部分用的元素简洁，但注重颜色搭配和布局合理，选择的装修材料也不能马虎，这种设计的目的是达成一种独特的境界。现代简约设计风格适合很多年轻人的装修理念，能营造出安静、祥和、温馨、舒适的家居环境，缓解城市年轻人的生活压力。

（二）现代前卫风格

"前卫"一词通常是"非艺术独立性"作品的代号，前卫的设计风格意味着设计有个性、与众不同、有品位。现代前卫的室内设计风格相比现代简约风格在自我表现、张扬个性方面有更加强烈的表现，注重凸显色彩对比，对空间的架构更加大胆鲜明，选材方面注重刚柔并济，形成强烈的色彩反差，有力地改变了人们的审美单一、生活方式单一、居住理念单一的想法，是一种推陈出新的设计风格。现代前卫的设计风格给人以出乎意料的感觉，通过巨大反差感来吸引人。

（三）后现代风格

后现代主义风格是针对现代主义提出的逆反性风格，由于现代主义过分注重机械美学，摒弃装饰的效应，甚至导致室内设计的风格偏激，走向极端化，人们对现代设计风格逐渐失去兴趣，转而寻求功能多样化、装修形式丰富的设计，这种风格批判了纯理性主义的现代设计风格，弥补了现代派建筑的缺陷，使现代主义和后现代主义分离。后现代主义设计又开始强调建筑的复杂性，反对简单化、模式化的装修风格，强调用装饰来展现设计特征，利用独特的造型和视觉效应强的装饰来布置室内空间，同时利用后现代设计风格的新奇和魅力唤醒人们对历史、对文化的回忆。

二、现代室内设计风格的特征

（一）综合性

现代室内设计风格的特征不断根据社会生活、文学艺术、美学特征的变化，体现社会文化的多个方面，具有很强的综合性。现代室内设计力求表现空间艺术，将艺术美应用到室内设计中，应用到生活实际中，展现多样的风貌。现代室内设计风格不仅提高了人们的生活水平，还丰富了人们的精神世界。

（二）时代性

现代室内设计的特征与20世纪初期紧密相连，由工业化大生产引发的社会和思想变革，不仅影响了建筑师的想法，也影响了设计师的装修观念，对当时整体装修风格的建立有着十分关键的影响作用。与当时的艺术思想、设计理念都息息相关，可见，现代室内设计风格有着很强的时代性，代表了现代人的生活和审美方式。

（三）个性化

大工业化时代的建筑设计手法基本上是统一的，随着年轻群体的标新立异，室内设计风格开始追求个性化的特征，使室内功能设计更加全面合理，按照客户的要求进行设计搭配，采用多种装饰手段实现个性化设计，满足住户的个性化心理需求。

（四）人性化

随着时代的发展，人们在室内设计装修时注意到材料、颜色、光线、色彩等多种元素对人身心的影响，注重人对建筑的需求，注重室内环境对人情绪方面的影响，开始在这些方面进行调节，实现人性化的设计，让设计更多地满足人的感受和需要。

（五）现代化

伴随科学技术的发展历程，室内设计的科技化程度也越来越高，人们在打造空间环境的时候注重对生活的享受更加便捷、更加高速，将很多现代化的物品应用到室内装修中，为人们提供更加高端的生活享受，以高科技物品来改变人们的生活，实现更加现代化的室内设计风格。

（六）艺术性

从室内设计中体现艺术美，具有很高的艺术性。现代室内设计注重将科学性与艺术性相结合，借助艺术化的物品来体现和提高人们的精神需求，通过艺术熏陶来调节人们的心理，提高人们的精神品质。所以现代室内设计具有一定的艺术性。

三、现代室内设计风格的发展趋势

室内设计的种类多，风格也千变万化各不相同，每一种设计风格都能展现一个时代的缩影。现代室内设计风格也在不断地变化之中，21世纪科技发展水平日新月异，人们对物质生活、精神生活追求的目标越来越高，新的经济、文化、政策动态必然引领新的装修设计风格，现代室内设计的风格是不断发展和变化的。笔者认为现代室内设计风格的发展趋势主要有以下几个方面：

更加追求个性风格。相同的建筑样式、相同的房间通过不同的室内设计可以展现完全不同的风格。未来在信息时代快速发展的同时，现代室内设计风格一定会打破统一、单调的装修局面，适应社会发展的需要，为人们设计出更智能化、更便捷、更个性的室内环境，也会促使室内设计朝着更加多样更完善的方向发展。对空间的构成、组织和划分也会更加实用，更加明确。通过各种家居、饰品、色彩、光线的设计来提高人们的生活情趣、精神需要和文化内涵。在室内设计的过程中也会更加注重增加环境的文化内涵，与多元化的现代文明相结合，提升空间的利用率，打造出更加个性的室内空间。

更加热衷于自然风格。工业时代具有的高科技性却对人们生活居住的环境造成了很多危害，在未来的现代室内设计过程中，设计师会更加注重保护环境，减少对自然的伤害和破坏，遵循自然法则，通过科学合理的设计，改善人们的生存环境，实现人与自然的和谐发展。因此未来的室内设计会更热衷于自然风格，注重环保材料的选用，充分利用自然光、自然景物来装饰室内，给人们打造出美好的视觉感，同时帮助人们找到回归自然的感觉，以自然风格、绿色设计来凸显人与自然的关系，打造让人舒心的室内环境。

注重设计的艺术感。人们的物质生活水平不断得到提升，必然向往更高水平的精神生活，因此，未来室内环境设计的艺术性必然提高，设计的重点会放在对室内空间、家具形态、色彩虚实的把握方面，对物品功能关系的设计、物品摆设与周围环境的协调性等问题也会受到关注。室内设计更加注重艺术感和整体的统一协调。设计师的专业修养也必须不断提高才能满足人们高水平的需要。

尊重民族特色，同时在传统风格上进行创新。室内设计高度现代化的同时，难免会忽略传统，所以在未来室内设计发展过程中，既要讲现代，还要尊重民族特色，在传统设计的风格上进行适当创新。将有民族特色的代表设计搭配在室内装修中，彰显出一种特殊的文化魅力。同时在室内设计风格中体现不同的风土人情和人文特征，根据实际需要，在传统风格上进行适当的创新，避免"文化趋同"使设计风格单调乏味，失去生机。应在传统风格上挖掘地域特色，创新设计，继承传统文化精华的同时，体现具有特色的地域文化，使现代室内设计风格更加完美。

时代不断发展变化，现代室内设计风格也在与时俱进，多种设计理念、设计风格的融合，体现超强的时代感，使人们的居住文化越来越有内涵。室内设计的具体风格与地域环境、人文特色和社会文化、政治现状、艺术形态、思想等多方面知识相联系。未来的室内设计更加注重文化的提升和空间的需求，从满足人们生活方面的需求上升到满足人们精神文化方面的需求，以个性化、人性化、现代化、艺术化的设计风格，为人们打造更加完美的居住环境，提高人们的生活品质。

第三节 现代室内设计的生态理念

在室内设计当中应用生态理念，提倡要应用健康环保的材料，创设健康良好的环境，并提高室内装修材料利用率，避免材料浪费，在满足室内设计经济、美观、装修质量的基础上，充分保护生态环境，节约能源。因而生态理念的应用对于现代室内设计的健康、可持续发展有重要的意义，能够有效改善传统室内设计中存在的资源浪费、实质性差、没有从长远角度出发等问题。基于此，本节对现代室内设计中生态理念的应用进行探究。

在经济发展当中由于生态环境的持续恶化，导致各种污染问题加剧，人们的可持续发展产生了严重的生态危机。因而在社会各领域发展期间，全面深化生态理念的应用，在现代室内设计当中生态理念是新型的设计理念和方式，并且生态理念的应用能够促使室内设计向着能源节约、环保、绿色健康的方向发展。在此基础上，生态理念如何在现代室内设计中合理有效地应用，切实发挥促进作用，成为现代室内设计发展值得思考的问题。

一、生态理念在室内设计当中应用的主要原则

节约资源与能源。生态理念在室内设计当中应用，需要遵循节约资源和节约能源的原则。首先，在室内设计期间要对室内装修应用的材料、设备等进行科学的规划，保证资源配置的合理性，避免出现资源浪费。其次，要尽可能地选用具有绿色环保性质的装修材料，保持室内装修材料的健康性，最大限度地降低装修材料中有害物质含量。最后，要充分地利用新能源，达到节能减耗的效果，要根据室内的布局设计能源应用，在满足室内能源需求的同时，发挥节约能源作用。

保持室内环境健康。在以往室内设计装修之后，居住用户还不能立刻入住，装修材料会释放甲醛影响人体健康。应用生态理念是要保持室内环境健康，要保证室内设计的环境能够满足居住用户对健康的需求，要利用现代生态技术和材料来构建室内净化系统，对室内环境进行全面的优化。同时要注重清洁能源的应用，既能够提升室内各项功能运行的安全，又能够降低有害物质含量。从而为室内居住用户创设健康、良好的环境，让居住者放心。

二、传统室内设计理念应用存在的问题

室内装修材料浪费。在传统室内设计装修的过程中，会使用大量的装修材料，而且装修材料都是不能循环再利用的，室内材料经过长期使用后会产生消耗和损坏，这时就需要将其材料进行替换，替换掉的材料只能作为垃圾丢掉。这就导致室内装修材料存在严重的浪费问题，并且传统室内设计期间使用的装修材料是不具备环保性能的，材料会长期释放有害物质，对居住者身体健康产生慢性的侵害。传统室内装修材料的成本造价也比较高，这些都属于资源的浪费。

室内设计生态观念差。在传统室内设计当中，更多的是注重室内表面设计效果，开放性的经济发展环境，使更加多元化的室内设计元素进入中国。导致很多的室内设计都只注重华美的外观，而没有从生态环保的角度进行设计，在室内设计当中应用很多的装饰构件，应用的装修材料更多，并且都没有实质性的作用，这与生态节约的理念相背驰，材料浪费、环境健康等问题迟迟得不到解决。

无法满足人们审美的长远性需求。传统的室内设计在审美方面没有预留相应的空间，现代人们的审美需求也在不断地发生转变，传统室内设计大多都是根据固有的设计方法进行设计的，但传统设计审美已经与现代设计审美有很大的差异，无法满足现代居住者的审美需求。在室内设计中没有充分地应用当下的设计元素，现代人们对审美与环保有双重需求，传统设计无法有效地优化室内能源利用，新能源、新功能都没有加入室内设计中。

三、现代室内设计中生态理念的具体应用策略分析

遵循生态理念保证空间布局的合理性。在生态理念应用下，现代室内设计需要保证空间布局的合理性，才能促使其他方面的设计能够实现绿色环保目标，并且使室内空间得到充分应用，满足居住人员对空间利用的需求。具体来说，设计者需要充分利用自然条件进行设计。使用自然存在的条件给用户带来更加舒适的体验，增加对室内设计的满意度。比如设计者要达到房建的通风标准，保证使用者可以感受到良好的空气。如果是对坐北朝南的房间进行设计，需要按照空气动力学的主要原理，降低朝南的窗台，将朝北窗台的高度提高，更好地帮助空气流通，提高房间的光照度。还要设计好每一个空间的布局。科学的室内布局可以加强空间的作用。设计者严格遵循绿色理念，设计科学的室内布局，能够将室内空间的最大价值发挥出来。将厨房安排在房间北侧，这样可以更好地防止厨房油烟飘散到卧室。还要使用高差方法，将立体空间划分出来。分割出不同的功能区域，将室内空间利用率有效提升，对空间小的室内环境来讲非常有用。

全面采用现代新型环保材料。现代室内设计中生态理念的应用，需要将室内装修材料尽可能地转换成现代新型环保型材料，取代传统室内设计的人工合成材料，要多采用可循环再利用的装修材料，提高装修材料的利用率。目前，在室内装修建材方面，还没有生产出绝对环保的材料，但是也有很多的低排放、低毒性的材料，应用这些材料能够有效降低室内材料有害物质排放量。另外，近些年也有很多新型环保材料被研发出来，在现代室内设计中可以根据设计需求进行合理的选择应用。在室内能源利用方面，也要选用现代新型能源，如太阳能、风能等，这些都是可循环利用的能源，并且不会对室内环境、生态环境造成污染。

生态理念下室内采光的设计。在室内设计中，采光的方式主要有自然光线和人工光线。自然光线是指太阳光，这种光源需要充分利用，太阳光具有光照和调节室内温度的作用，要根据地区和居住者的室内采光与采暖需求合理地利用太阳光。例如，对于天气较为寒冷的北方地区，秋冬室内采暖的需求较高，就需要多采用太阳光提升室内的采光问题，可以利用落地窗或增大窗户面积等方式来更多地吸收阳光。从室内采光角度出发，太阳光的光照较为强烈、明亮，若是室内光照需求小，则可以利用其他的设计元素，如利用暗色调反射吸收光亮，降低室内亮度。对于人工光线就可以根据需求进行灵活设计，但需要遵循节能减排的原则，多采用环保型灯源，减少能源消耗。

充分运用绿色自然元素构建室内净化系统。现代社会发展的节奏较快，人们长期处于忙碌状态，与大自然的接触非常少，而绿色自然环境是生态理念的重要因素。因而在室内设计当中要充分地运用绿色自然元素构建室内净化系统，打造绿色自然的室内环境，既能够美化室内环境，又能够净化室内环境，给室内居住用户更加舒适宜居的感受。绿色自然环境的应用是室内生态功能实现的主要途径，让人们在喧嚣的城市生活中，获得一片"绿

色净土",贴近自然,使居住者在室内环境中可以更加地放松。在以往室内设计当中,往往只是将绿色环境作为摆件,没有充分发挥绿色环境的生态价值。因而在生态理念下,现代室内设计需要将绿色环境的美化功能与生态功能进行同步发挥。

现代室内设计当中生态理念的应用,能够充分地满足现代人的生态环保需求,也能够推动室内设计的健康发展,达到现代社会生态环保发展的标准要求。生态理念在现代室内设计当中应用,需要遵循节约能源与资源、保持室内环境健康等原则,对空间进行合理分布,应用新型环保材料,充分发挥生态理念应用的有效性,为室内居住者创造绿色健康的居住环境。

第四节 现代室内设计中多元文化的表现

随着时代的快速发展、人们思维方式的转变和审美水平的提升,现代室内设计逐渐由简单的造型向多元文化发展。人们越来越重视室内设计的造型与多种文化的融合,笔者依据室内设计中多元文化融合性、时空性、科技性等特性,就现代艺术设计与艺术表现、文化外延、自然环境三方面展开论述,以期为现代室内设计注入更多新鲜的元素。

设计是将人们的精神文明进行物化的创造性行为过程,它能对人们的生活环境进行改善和再创造,也是人们智慧和文化的结晶。设计作为人类思想的直观表现形式,室内设计风格的不同反映出不同文化内容在其设计过程中的渗透,表现了不同的生活方式和文化接触活动对室内设计的影响。同时,空间形式的不同也会影响我们对生活感受及体验的不同,因此现代室内设计纷繁复杂,需要室内设计师去体会和掌握。

一、文化与室内设计

现代设计作为文化形态的产物,产生于19世纪末20世纪初,同时涉及科学、艺术等领域。"现代"指的是出现工业化以后的两个历史时期,第一个是二次世界大战时期,形成了以柏林为中心的科学艺术的繁荣。第二个是20世纪50年代到60年代后期的机器时代。从狭义上说,现代设计与工业化密切相关,是为满足高速发展的机械化生产而产生的。现代主义设计同现代设计是同一个领域中的两个方面,现代设计指的是设计的外在技术表现形式,现代主义设计是设计的主观意识形态,包含众多的意识形态范畴,涉及诸如艺术、美学、心理学、音乐和舞蹈等多个领域。在不同的领域,对现代主义设计有不同的观念,而设计中多元文化的体现正由此得以体现,不仅对21世纪的设计活动及艺术活动产生了深远影响,也一直影响了后来的现代室内设计。

室内设计经历了漫长的发展过程。伴随着建筑的产生,人们开始意识到美化室内空间的重要性,从而出现了室内装饰。室内装饰逐渐发展壮大,逐渐从建筑领域中分离出来。

包豪斯的出现将时间的概念引入空间领域，提倡摆脱形式主义，摈弃浮夸装饰，强调空间设计应具备合理性和结构性，是用简洁的思想将"室内装饰"升华为更具计划性、理论性的"室内设计"。在这个漫长而复杂的演变过程中，无论是室内装饰还是室内设计，都离不开文化对其的渗透作用。

二、室内设计中多元文化产生的依据及特性

融合性。社会的不断开放促进了不同文化进行相互接触、沟通交流，进而相互吸收与渗透，逐渐对自身的文化进行借鉴和再创造，这种文化的交融过程在现代室内设计中也表现得十分突出，如中西结合式风格、少数民族特色与现代的融合等形成的装饰风格。

时空性。文化的积淀主要来源于长时间的积累，而设计正是通过这种文化的积淀不断发展而来，通过在室内设计中引入时间概念，将三维空间拓展为多维空间，从而满足了现代室内设计不断发展的要求。

科技性。现代高新技术为室内设计增添了诸多可能性，包括视觉环境和工程技术等方面，同时也包括文化内涵等内容。不仅能方便人们的生活，为人们提供舒适便捷的环境，并且能提升整合室内空间的格调，如环幕电影、电动窗帘等。

三、现代室内设计中多元文化的具体表现

现代室内设计与艺术表现。英国伦敦泰特当代美术馆中陈列了一幅装饰艺术作品《口令》，打破了以往美术馆肃静、庄严的风格，同时也改变了以往美术馆单纯将作品放置陈列，直接展示作品给观众。作品中一条长达167米的"裂缝"撕裂了它的地板，将作品与空间融为一体，激发美术馆中的观众积极思考，将美术馆同时变为一个现代主义场所。

现代室内设计与文化外延。爱马仕之家，位于韩国首尔时尚旗舰店，整个建筑的外观是立方体形态，室内空间由一个庭院贯穿各个空间，室内的垂直中心由一个具有艺术特色的螺旋楼梯组成，同时也起到连接其他空间的作用。在室内还设有博物馆及画廊，使观众在享受时尚带来新鲜力量的同时，感受历史与文化的厚重，使得时尚文化得以保存和传播。

现代室内设计与自然环境。弗朗索瓦·罗切的作品"森林网络蜘蛛"房屋，用网格将人造空间同原始自然空间分离，又相互交融，产生出不同空间之间隔而不断的艺术效果。同时，将私密空间划分为不同的功能分区，如办公室、车库、卧室、厨房等。这种与自然环境的融合将人们对空间的感知形式由简单的视觉扩展到触觉和嗅觉，调动了人们的感官刺激，这种与自然环境相交流创造出的室内设计更加注重人类同大自然之间相互依存的需要。

现代室内设计是时代的产物，是不同文化相互融合的艺术，要求设计师对不同的文化具有敏锐的感受力和创造力，不断推陈出新，依据不同的时代和文化特性，不断创作出更具文化特色的室内设计作品，完美地体现人们对生活品质的要求，展现不同的文化内涵，

从而设计出更加优秀的作品。

第五节 现代室内设计的情感表达

随着时代的进步，人们生存压力增大，生活需求也在逐渐提升，多数用户渴望追求心灵的宁静，而独一无二的室内设计，可以暂时缓解用户的精神压力。加强对现代室内设计的情感方面的表达，可以体现出设计的人文价值。本节是笔者针对在室内设计中情感表达的重要性、室内设计的发展方向以及针对现代室内设计情感表达提出的建议。

一、室内设计中情感表达的重要性

新时代，室内设计已经成为一项比较常见的艺术表现形式。在室内设计中，设计人员应明确了解用户的基本需求，并运用自己的专业知识与技能设计出方案。由于人们的社会需要已经随着时代的改变发生了巨大变化，因此，对设计人员的要求也在发生改变，设计人员应该以人为本，了解用户内心的情感需求，并将其体现于室内设计的作品中。设计作品应以人为主，满足用户不同的需要。室内设计是一种环境艺术，将其运用于日常生活的室内设计中，可以最大限度地提升室内环境价值与品位。室内设计作品的情感表达，就应按照客户的要求，体现出设计作品的人文性。设计的作品应充分考虑室内的空间、材料、颜色，通过其可展现出作者的创新思维。另外，设计的室内作品还需要具备舒适性、功能性，也就是说室内设计不仅应考虑用户的需求，还应保障其实用性、外观审美需求以及其人文价值，这就需要设计人员精进自己的专业技能，从而在设计室内作品时能将自己的想法融入作品之中，体现出设计的情感，增加室内设计的情感表达。

二、室内设计的发展方向

随着生活质量的提升，人们对于生活的感悟也在逐年增加，如今大多数人已经不再只是满足于对物质的追求，更多的是寻求情感上的满足，也即精神需求，这就对室内设计未来的发展方向产生了较大的影响。由于室内设计需要满足用户的基本需求，而用户的需要时时刻刻在发生改变，因此，室内设计方向也会出现部分改变。室内设计在未来发展中，应始终遵循以人为本的原则，以用户基本需求为主进行室内设计。由于国家实施的可持续发展战略，人们对环境保护的意识也在提升。近年来，随着可持续发展战略的不断践行，多数人对自然已经产生莫名的熟悉感。经过调查，大多数人认为回归自然是一个发展趋势。设计人员应尽力遵循用户需要，可以在室内设计出自然的状态，让用户在内部环境中就可以感受到大自然的温馨。人们对室内环境设计的要求提升，需要设计人员不断地挑战自己，要具备长远的眼光，明确新时代室内设计的方向。另外，室内设计发展逐渐趋向于艺术化。

由于社会物质供给极大的丰富，人们的基本物质生活需求大多已得到满足，因此，人们开始关注自己内心世界的需求，增加室内设计的艺术性，可以满足用户对于真实世界的渴望，将环境与意境进行有效结合，增添室内设计的艺术魅力。现阶段，在室内设计中融入情感表达，就是室内设计未来发展的关键，可以将室内空间设计进行艺术表达，满足人们的精神需要，提升其生活质量。

三、室内设计情感表达的过程

（一）加强材质的选择

室内设计中的材料运用，可以体现出设计时的创新思维与情感表达。选择合适的材料可以对作者的思想进行科学阐释。室内设计中材料就是设计的物质基础，无论设计方案如何的实用、有效或是一般，都需要通过材料来展现与表达。要当一名卓越的设计师应熟悉掌握不同的室内材料与其基本构造原理，这对提升室内设计效果有很大帮助；同时，这也是设计师本人情感上的寄托。另外，设计人员要想进行创新思维表达，不仅需要运用科学的设计方案，还应该表现于运用装饰材料上。材料不会与人进行直接的对话交流，但是通过对装饰材料的恰当运用，可以让用户或是消费者了解到设计师的逻辑思维与创意。设计人员可以通过构思与设计，让材料在室内设计中得到展示，并与特定性质的形状组合，确保设计主题的完美实现。

（二）与自然环境结合

人是自然环境中的一员，现代社会，人们对自然环境生态也越来越重视。随着生活水平的提升，其对于自然的认识也更加深刻，已经有很多用户将自然环境与自己室内的设计联系起来，进而体现出室内的自然价值，表达自己与自然和谐相处的意愿。另外，人们也可以在室内设计中获得一种自然慰藉，加强人与环境的交流。现代人思想意识的提升，已经不再单纯地追求小桥流水人家的自然设计，用户不仅想要对室内环境进行渲染，还想尽量地让自己与世界保持一定的距离，保持自己在室内的情感独立，在室内环境中寻找自己的精神依托。

从某种程度上说，将自然环境与室内设计相结合表达用户的情感，可以看出人们对自然的向往，愿意尽可能地回归自然，可见其对于自然界的热爱。而作为室内设计师，要想提升环境的室内设计的效果，就需要明确用户对室内和自然环境具体有哪方面的需求，需要设计的风景有哪些。熟悉用户对环境的需要之后，就可以进行构思，发挥自己的创意，将自然环境融入设计中来。可以先制订设计方案，将自己理解中的自然环境设计展现在图纸上，之后就需要与用户进行交流。例如有的设计作品将自然环境与室内设计融合，使室内环境清新脱俗，展现出盎然生机，同时也体现出建筑的功能价值，令人心旷神怡，对自然有了更多的亲近感。

根据用户的意见对设计图纸进行修改。另外，设计方案还应与施工等不同部门进行讨论，了解其在真实施工中实现的可能性。经过协商达成共识后，就可以根据设计图纸对室内进行真正的施工，将图纸创意表达在用户的建筑中，体现出室内设计的独特性。通过室内设计，可以明确感受到设计人员的独具匠心与用户本人的性格等基础特征，提升了设计艺术层次，使艺术情感在室内设计中得到充分的表达。

（三）重视设计的尺度

在现代室内设计中，尺度是一个需要重点考量的问题，其对于室内设计作品创作有一定的决定作用。若是室内设计对尺度、几何空间设置没有要求，空间造型的形成也就不具备任何意义。造型中尺度是一个核心的因素，如果想要获得理想的设计空间，就应对自己或是用户的需求以及使用功能进行全面的分析与总结，因此，设计人员在进行室内设计的过程中，除了考虑客观因素（经济、材料、技术）外，还应加强测量，了解空间尺度，以确保设计方案的科学性与合理性。

（四）善于运用色彩

自然界最基础的颜色目前为七种，不同颜色在不同的空间与环境中，会呈现出不同的特征，在室内设计中，颜色也以一定的客观形态存在。人们要了解颜色并做到对其进行合理应用，就需要准确掌握色彩的情感表达特征。可以用自己的视觉去体验和感受颜色的色调、明度、强度等，通过视觉也可以了解到有颜色的物体的大小、空间远近，同时也可以感受到物体外形的变化，对客观存在事物的基本特征进行准确把握。室内设计情感表达即主要是通过形体、质感、色彩来表达在不同空间中的视觉效果，进而可以最大限度地满足人们的视觉享受。

室内设计色彩表达是一个比较关键的因素。通常人们对外界事物的第一感受多是视觉刺激，而影像的视觉刺激关键在于色彩。室内设计要想增强情感表达效果，就需要设计人员善于运用色彩。这就需要设计人员具有丰富的设计经验与熟练的色彩运用技巧。设计人员可以不断更新自己的设计知识、色彩知识，并通过对相关色彩运用技巧、色彩设计等方面基础的学习，把握色彩在室内可以展现的形式，保障色彩运用的合理性。另外，设计人员应积极了解用户对室内色彩的要求，以其为基本原则进行室内设计。

在色彩表现中展现出自己的内心情感。由于色彩运用于室内有丰富室内造型的作用，设计人员还应了解居住人员的性格，可将其作为色彩搭配的参考。在室内设计中，设计人员由于需要考量的因素比较多，这就需要设计人员在了解色彩知识的基础上，展现出自己的设计能力，通过室内设计表达出用户本人的情感诉求与愿望，从而最大限度地满足用户的需求。设计人员通过色彩的科学组合，进一步实现室内作品的情感表达。

（五）加强室内空间的设计

在室内空间设计中，将情感融入可以体现出设计的艺术性，熟练运用色彩、材质等，可以加强对室内空间进行塑造。设计师在进行室内设计时，考虑的不仅是室内情感本身，还应考量情感在外界形式上如何进行精确的空间表达，使用户可以通过其方案一眼就能了解到设计人员的创意,也可以通过视觉来衡量室内空间设计对于自己来说合理与否。设计人员应以用户的需求为原则,还应注意整个空间设计的合理性与房间设计的整体审美,加强对空间氛围整体的塑造,将空间设计要素中涉及的所有因素进行合理搭配,以确保空间设计的科学性,使质感、色彩等要素实现高度统一,使设计空间不仅可以满足人们的审美需求,让人们感受到艺术价值,还能保障室内不同功能设计的完整性。加强室内空间的设计,设计人员应充分了解空间相关知识,将其与设计理念有机结合,使设计的空间可以与用户需求更好地匹配。

室内设计是艺术与情感的融合体现。在设计中,设计人员应重视室内设计情感表达对整个作品的重要价值。以客户的需求为基本原则,利用专业设计知识与经验进行设计,体现出设计的情感。设计人员应提升自己的专业素质,加强对室内设计色彩的运用,提升室内设计的效果。设计人员要积极掌握室内设计的未来发展趋势,并将环境因素融入设计作品中,从而使用户的精神需求得到充分的满足。

第六节　现代室内设计的"低碳"实现

针对现代室内设计存在的过度求大求新、滥用装饰材料、建筑垃圾较多等问题,本节从空间、光源、家具、低碳材料、绿色植物等方面,阐述了现代室内设计的"低碳"实现路径,旨在创造出安全、舒适、健康的室内环境。

一、现代室内设计的困境

随着人们对居住环境审美要求、功能要求的提高,室内设计得到了快速发展,但是受利益驱动、设计师水平良莠不齐、装饰材料质量不达标等因素的影响,室内设计面临着发展困境,具体表现在以下几个方面。

过度求大求新。在人们生活水平不断提高的时代背景下,人们开始追求丰富的精神生活,而优化居住环境成了满足人们审美需求、心理需求的重要途径。在炫富、虚荣心理的作用下,室内设计开始求大求新,使室内空间尽显奢华、气派,造成了建筑能耗过高。

装饰材料滥用。在室内设计中,设计师一味地追求美观,未能顾及装饰材料是否对人体有害。在很多装饰材料中,存在着甲醛、苯、氨等物质超标的情况,这些物质对人体健康构成了极大威胁,若人长时间在这种环境下生活,则会出现头晕、呕吐等症状,严重时甚至会患上癌症。

建筑垃圾多。室内设计可产生大量建筑垃圾,尤其在室内设计更新换代快的新时期,通常十年左右便对室内设计进行一次更新,在更新过程中产生的装修废料成为环境的污染源。同时,人们在居住中因室内设计不合理,会在采光、取暖、制冷等方面消耗更多的能源，导致建筑能耗居高不下。

技术水平不高。室内设计往往追求美观、艺术，注重装饰形式层面上的设计，而忽视了技术的运用，造成室内设计徒有其表、华而不实。在这种情况下，极容易造成室内设计的实用性差，短时间内出现翻修，从而造成资源浪费。

二、现代室内设计的"低碳"实现路径

低碳理念是新时期下国家经济发展积极倡导的科学理念，将其引入室内设计领域，可有效改善室内设计面临的困境，从低碳经济、绿色环保、节能降耗、高效洁净、循环利用等角度出发，提高室内设计水平。

空间的低碳设计。室内空间的低碳设计可从合理分配空间入手，使有限的空间得到最大化地利用，具体设计方法如下：功能分区，协调好各个功能空间的关系，尽量缩小交通所占用的面积，提高室内面积的使用率；面积分配，不能一味地缩小厨房、卫生间的面积，应确保两者分别占室内总面积的12%、10%左右，保证面积分配合理。厨房要设计紧凑，可充分利用墙面设计成L形或U形，扩大视觉上的空间感；保持通风采光良好，根据地域特征设计空间布局，尤其对于非贯通型户型而言，要对其进行改造，使其具备良好的自然通风条件。

光源的低碳设计。室内光源设计要充分考虑室内空间、视觉特性、照度均匀性与稳定性等各方面因素，对照明亮度与色彩进行合理设计，避免浪费电能。在具体的设计中，可采取以下低碳设计方法：采用自然光源。自然光源得以最大限度的利用，能够有效减少对电能的耗用，从而降低碳排放量。在室内设计中，设计师应减少室内装饰墙设计，避免装饰墙阻碍自然光采集。对于装饰墙材料的选择，应选用透光性好的材料，如浅色墙砖、有色玻璃等，减少对人工光源的使用。合理确定照度值。设计师要根据室内各功能分区对照明要求的不同，优化选择照明方式，合理确定照度值，如客厅照明要合理区分主光源与次光源，主光源为高明亮的冷色调光源，次光源为台灯、壁灯、落地灯等；卧室无须设置过多照明，尽量选用暖色调光源，营造温馨的氛围；餐厅选择局部光亮的光源，光源亮度达到中度即可；厨房选择照明亮度高的冷色调光源；卫生间选用局部照明亮度的光源。光源设计要结合整个室内空间布局，营造出适合的照明氛围，但必须注意的是，要避免出现光污染。使用节能灯具。室内设计可选用LED灯具以达到节能的目的。LED灯具不仅具备热量低、亮度高、材料无毒害、使用寿命长的特点，而且与传统照明灯具相比，其能够节约30%以上的电能消耗。此外，LED灯具还能够回收再利用，充分体现节能环保的理念，所以在室内设计中应当尽量选用LED这类新型的节能灯具。

家具的低碳设计。在设计家具时，既要考虑到家具的装饰性，也要考虑到家具的实用性和环保性，尽量选用绿色材料作为家具材料。一方面，家具的设计要以人体工程学为指导，使外观尺寸、内部构造均符合人的使用需求，做到家具与室内环境的和谐统一。另一

方面，家具要避免使用刨花板、胶合板、密度板等板材，这类板材在生产加工中消耗了大量的碳基能源，并且在使用中会排放有害物质，威胁到人体健康。所以，家具材料要使用可循环利用的绿色环保材料，提倡使用竹制藤制家具，这类材料属于可再生资源，能够充分体现低碳设计理念。

低碳材料的选用。合理选择低碳环保的室内装饰材料，对控制室内环境污染、减少碳排放量有着重要意义。室内装饰材料的使用要以简洁利落为原则，减少材料使用量。实验证明，每减少 0.1 m³ 材料的用量，可减少 64.3 kg 的二氧化碳排放。同时，还要尽量回收利用材料，重复利用淘汰下来的材料，减少碳排放，如利用植物纤维、废旧纸等设计装饰品，既可降低造价，又可达到环保的目的。对于地面材料选用而言，要避免使用人造板、石材、陶土、实木、瓷砖等材料，建议选用实木复合板，这种板材由速生实木材料制成，具备持久耐用、价格低廉、纹理美观等特点。对于吊顶材料的选用，可将传统的石膏板替代为竹材，不仅可以降低大量使用化工建材带来的能耗，而且能够增加吊顶的美观性。

绿色植物的选用。室内设计中应合理配置绿色植物，起到绿化居住环境的作用。植物的光合作用可吸收二氧化碳并释放氧气，有助于净化室内空气，增加空气中的含氧量。所以，设计师可选用仙人掌、景天、芦荟等植物作为室内摆设，点缀室内环境氛围。

现代室内设计要在低碳理念的指导下，将高效节能技术与设计艺术相结合，创造出安全、舒适、健康、低碳、环保的室内环境。在室内设计中，要从空间设计、光源设计、家具设计、材料选用以及绿色植物配置等方面入手，积极引入低碳环保理念，降低室内设计带来的建筑能耗，从而不断提高室内设计水平。

第二章 现代室内环境设计创新研究

第一节 纤维艺术与室内环境设计

纤维艺术是集纤维实用功能与艺术审美价值于一体的艺术形式。纤维艺术品以充满自然气息的材料质地和手工编织的朴素韵味满足了人们多方面的情感需要，它和其他种类的室内装饰物相比，有着不可替代的优越性。纤维艺术品已渗透到建筑与室内环境设计的各个方面，它主要是运用各种材料和技法，表达现代设计观念和现代人的生活情趣。

纤维艺术集古典与现代、浪漫与沉稳、工业文明与传统手工于一体，是一门古老而又年轻的艺术门类。它是以天然的动、植物纤维或人工合成的纤维为材料，用编结、环结、缠绕、缝缀等多种制作手段，创造平面、立体形象的一种艺术。纤维艺术包括传统样式的平面织物、现代流行的立体织物、日用工艺美术品，以及在现代建筑空间中用各种纤维材料表达造型语言的作品。

一、纤维艺术的质感对室内环境设计的影响

纤维艺术品是表现质感与制造质感的物品，不论在视觉或触觉上，它都具有无可比拟的视觉魅力。纤维艺术品的材料选用非常广泛，几乎各类纺织纤维都可适用。采用不同的材料经过不同的加工工艺或采用不同结构都可以产生不同的质感。质感是由物体特有的色彩、光泽、形态、纹理、冷暖、粗细、软硬和透明度等众多属性所构成的。构成的属性多样，组合的方式繁复，质感也就会变化无穷。同时，质感又是属于视觉与触觉共同感知的材料特质，材质与质感互为表里，各种材质都借着质感来显露其真貌，并透过质感来表达材质的特性。室内的纤维装饰品透过触觉感官给人以不同的心理感受，如软硬、粗细、冷热等。同时建立在视觉感知的记忆中，唤起人们对物象不同的心理知觉，分辨出质感的特性。现代纤维艺术是对传统的突破和超越，主要表现在对纤维这种材质更高层次的理解和运用方面。传统的纤维艺术作品，主要以天然纤维为制作材料。这些材料包括丝、毛、麻、棉等。这里的"纤维"不再只是棉、麻、毛、棕、藤等传统的纤维材料，还包括化学纤维和经纬编织的软硬质材料以及所有的线状材料，甚至一些金属纤维也受到艺术家的青睐。例如，美国纤维艺术家南希的作品《金色的波》采用了羊毛、铜丝和粘胶纤维作为材料；保加利

亚纤维艺术家万曼的作品《经与纬》采用了塑胶管和毛线作为材料。现代纤维艺术从对绘画性的追求中超越出来，开始注重于表现材质本身的美，纤维材料的自然形态，丰富的肌理，不同纤维材料之间刚与柔、直与曲、杂与纯、明与暗、轻与重的对比，以及给欣赏者带来丰富的审美感受。纤维艺术历来被称为编与织的艺术。

二、纤维艺术的雕塑性对室内环境设计的影响

与传统纤维艺术相比，现代纤维艺术的一个重要特征就是它的雕塑性。传统的纤维艺术如地毯、壁挂、缂丝等，主要是平面作品。自20世纪60年代起，纤维艺术逐渐由平面到半浮雕，直至出现完全空间化的三维作品"软雕塑"，一种具有柔韧性和弹性的雕塑。一些艺术家在设计作品时考虑更多的是作品整体的空间态势所带来的装饰性。波兰艺术家阿巴康诺维兹的作品《红色的阿巴康》是壁挂走向雕塑，走向空间的里程碑式的作品。向前锐进的尖角与其后饱满深厚的卵圆形，形成强烈的对比，像一股抑制不住的激情勃然喷发。1992—1993年间施慧创作了以《巢》为代表的作品，她将化好的纸浆浇淋在呈扇形展开的竹片上，产生了一种奇异的效果。循着这条思路，她的作品的空间更加广泛了，她创作出了《缠》《链》等系列作品。除纸浆、竹、木外，她还使用了麻纤维。在《柱》里，她开始追求作品的一种向上伸展的效果。如果说以上这些作品在室外空间更能给人以神奇、新鲜的视觉感受的话，那么她的《结》和《框》系列作品，则营造出室内空间的一种奇诡、神秘、尘封的效果，它们给人的是有关一个遥远年代的遐想，同时又是一种挥之不去的当代幻影。施慧的一系列创作打破了画种的界限，将新的材料艺术以及过程的艺术引入雕塑领域，扩大了雕塑的边界，这种积极的努力对于改变雕塑的架上思维，打破封闭状态，开阔视野，在更加广阔的领域里寻求雕塑的发展空间起着积极的推动作用。

三、纤维艺术品与建筑的结合

纤维艺术品作为一种象征温暖、柔和、亲切的符号，在与建筑结合时得到了完美的体现。20世纪70年代末到20世纪80年代，现代纤维艺术品被建筑师运用于被认为是冷漠、缺乏情感的建筑中。70年代出版的《超越手工艺：现代纤维艺术》和《纤维艺术：主流》两本书就明确地阐述了现代纤维艺术品在建筑空间与各种公共空间中的重要作用和意义。

随着时代的发展，纤维艺术品已渗透到建筑与室内环境设计的各个方面，已经进入现代人的家庭中，通过与其他室内装饰材料的有机组合，相互照应，用它的造型、质感及排列组合，点缀并强化了室内装饰的艺术效果。它主要是运用各种材料和技法，表达现代设计观念和现代人的生活情趣，同时柔和了现代装饰的造型、色彩，并且考虑与墙面、室内环境、空间的关系。纤维艺术品能够增添空间艺术美感的效果，易于创造富有"人情味"的自然空间，从而缓和建筑和室内空间的生硬感，起到柔化空间的作用，同时也增添了建筑与室内空间的色彩，给人以舒适和谐、实用完美的感受。由于纤维材料的特殊属性，纤

维艺术品给人们带来的不仅是视觉上的美感，更有温馨、亲和、舒适等综合感受，加之其从造型到色彩、从平面到立体、从题材到文化内涵都有非常广阔的表现空间，因而发展十分迅速，现已被广泛应用于建筑的整体设计与居室的装饰中。纤维艺术品作为室内环境的重要组成部分，在室内环境中占据着重要地位，也起着举足轻重的作用。它不但能够点缀空间、丰富环境、表现文化，而且能够与建筑内部空间的色彩、照明、材质形成一种有机的整体，使人性化的艺术气息与建筑空间相互融合，从而使建筑内部的环境达到一种温馨高雅的艺术境界，并创造出丰富多彩的人性空间。纤维艺术与建筑越来越紧密的结合，促使一些艺术家考虑纤维艺术给作品整体的空间态势所带来的装饰效果。

现代纤维艺术的材料可以是天然纤维、合成纤维、金属纤维等；技法可以是染、绣、编、结、缠、绕、缝、缀等；形态可以是平面、立体、空间——它依托不同的形态，与空间环境融为一体，使人的视觉、触觉等感知得到更多美的愉悦。一件精美绝伦、品位极高的纤维艺术品，能够建立起更宜人的室内环境氛围。在现代室内设计环境中，纤维艺术品正在成为现代室内装饰的一个重要组成部分，在家庭装潢中起着非常重要的作用。

第二节　基于生态理念下的室内环境设计

随着经济的不断发展，一系列生态问题也随之产生，生态设计理念在室内环境设计中的应用成了设计发展的必然趋势。生态理念是新时代提出的重要理念，在室内环境设计中融入生态理念，不仅可以全面提升设计水平，而且能更加优化环境，确保人与自然的和谐相处。在进行生态设计时，需要控制室内环境设计，结合生态设计的发展要求，根据实际设计现状，通过逐渐转变原有的设计观念，综合提升室内环境设计，逐渐提升生态理念的应用水平，实现整体室内环境设计的新发展。

一、生态设计对室内环境设计的理论指导

所谓的生态设计也就是绿色设计，通过使用现代生态学理论，将生态理念贯穿于整个设计理念中，制订出符合生态要求的新型设计方案。生态设计必须要综合考虑环境因素的影响，实现生命周期中环境影响的最小化控制。从根本上来说，生态设计是将生态环境作为一个整体考虑，提升人与自然的和谐发展水平。

生态设计的发展。生态设计在室内环境设计中的应用，主要是生态环境学在室内设计中的应用，以此促进人类与自然的和谐相处。生态设计要将生态理念充分地应用在设计中，提升决策水平，做好全面的设计控制。生态设计需要全面考虑环境因素，根据设计对象的特点，尽可能地降低室内环境设计对自然的影响。生态设计的发展起源于19世纪六七十年代，随着社会的不断发展，到20世纪80年代，逐渐从人文情怀环境设计转向生态设计，

也就是目前所说的生态设计。

生态设计研究现状。生态设计自产生以来，就被人们所重视，而且随着时间的推移，生态设计的重要性被人们所认同。到目前为止，生态设计已经成为发展的必然趋势，更是全面体现着人类对自然环境的认知以及对自我的反思。现代生态学的应用，主要是对生态系统的研究，其中涵盖的东西很多，不但有自然界系统结构，还有其他的相关内容。绿色生态环境设计的根本是要解决生态系统中的问题，需要人类有相应的绿色意识，逐渐提高室内环境的设计水平，确保通过室内环境设计，尽可能地减少生态环境污染，促进人类与自然的和谐发展。生态文明建设对于人类的发展有较为突出的作用和影响，其中不但有物质层面的，还有精神层面的。只有提升环境的保护水平，维持生态平衡，才能够实现全球经济的和谐发展，降低污染环境。

设计观的转变。人类发展以生产力的进步为重要标志，到19世纪，人类就全面进入机器生产的工业文明时期。工业文明可以满足人们对于物质的高需求，但并没有实现人与自然的和谐发展，导致自然环境受到了较为明显的影响。因此，现代科技的发展虽然可以提供较为充足的物质材料，但对于人类的发展，必须要提升人与自然的和谐发展水平。室内设计主要是为了实现室内的时尚设计，确保可以满足人们的多种需求。因此会消耗较多的材料，甚至会导致环境的污染和大量的能源消耗。所以，必须要逐渐转变设计观念，提升生态理念在室内环境中的应用水平，转变原有的室内环境设计模式，提升设计理念的发展和转变。

生态设计对行业的影响。对于室内环境设计来说，设计的水平和方法不同会产生多种设计结果，有的设计是行业设计中的优良设计。但随着生态理念在室内环境设计中的应用，使得室内环境设计有了更高的要求。对于室内环境设计，不但需要做好传统的视觉设计和应用设计，还需要确保符合生态理念的要求，通过全面提升生态设计水平，更好地为人类创造良好的生存空间。对环境有害的材料，不可以在生态设计中使用，有关部门做好相应规范的完善，确保提升室内整体设计水平。

二、生态设计理念在室内环境设计中的实践运用

生态设计专业系统。通过分析发现，生态设计是一门综合专业，在生态理念下进行室内环境设计时，需要通过专业的系统，提升设计水平。现代设计中包含很多专业性的内容，需要通过系统的学习，做好生态资源的保护和利用。室内环境生态设计理念的应用，必须要全面地应用在整个设计中，提升可持续发展水平，更好地节能减排，高效利用材料。在室内设计过程中，需要提升设计的水平，降低环境的不利因素，提升绿色管理理念。但生态理念环境设计并不仅仅是设计师的工作，更多的是需要整个室内设计行业产生重视，提升综合设计理念，全面提升设计水平。

遵循自然，以人为本。在生态理念下进行室内环境设计，需要确保人与自然的和谐相

处，不可以随意地改变自然，确保遵循自然的发展规律。生态设计在充分利用自然的同时，还需要协调人与自然的关系，人并不是自然的主宰，相反人是自然界的一部分，必须要适应自然，在改造自然的同时，尊重自然，使人与自然关系和谐。与此同时，还需要利用自然对人类的馈赠，更多地利用可再生资源，降低对非可再生资源的使用量。只有顺应自然的发展，才能够确保生态理念下室内环境设计的水平，确保满足人们的需要。

设计美学，提倡生态。设计室内环境，需要提升设计的多元化和多样性。环境设计的根本就是美的设计，通过环境设计提升整体室内设计的美感。生态设计并不是单一的美，而是有多种层次的美，需要从多个角度进行美学设计。一般情况下，主要是促进人与自然和谐相处，自然的和谐之美。另外还需要从物质和精神等不同的角度进行研究，确保提升生态学理论，逐渐实现动态的生态控制。

生态设计，技术实现。生态设计，需要做好节约能源，尽可能地降低能源的消耗，提升绿色能源的使用率。通过生态设计与现代高新技术的融合使用，可以激发多方面技术的合理应用，更好地利用三大自然能源，通过相应的处理，实现室内采光、通风以及温度控制。另外，随着我国设计技术的不断发展，室内环境设计技术有了很大的进步，通过采用信息技术，可以更好地做好室内设计，提升时间和空间的掌控力，确保生态理念的合理使用和控制。

人类在室内的时间是比较长的，做好室内环境设计，可以确保人与自然的良好共存，是人类未来重要的发展方向。目前在现代设计中融入生态理念，可以较好地提升人与环境的关系，处理好人与自然的关系，实现社会发展与生态的平衡，提升环境设计水平，发挥出其本身的重要作用和意义。与此同时，在生态理念下做好室内环境设计，还可以更好地激发人类对环境的适应性，提升室内设计水平，不断地探索室内生态设计，获得更多更好的方法，全面提升人与自然的和谐发展水平，促进经济发展和建设。

第三节　室内环境设计的创意空间和发展趋势

随着我国经济的不断飞速发展，室内环境在设计的过程中往往需要考虑多方面的因素，从而不断地满足人们对于居住环境要求越来越高的要求。室内设计的目标主要是使居住者的视觉能够得到放松，提高空间感知能力。

一、室内设计创意呈现出多元化的特征

人们对室内的功能需求越来越多。由于人是实际使用环境的主体，所以设计师在设计的过程中，需要从满足室内环境的基本需求出发。设计人员还需要充分考虑到人们在居住过程中的经济、美观与便捷要求，结合不同的需求设计出不同的室内环境。例如，设计师

在进行卫生间设计的过程中,可以结合人们的日常生活习惯,首先设计卫生间的防滑功能,然后再依照卫生间的实际情况,做好卫生间的收纳功能设计,同时参考室外其他家具的色调,确保和谐统一。

人们对室内的视觉要求越来越多。人们在进行室内设计的过程中,需要注重对室内感知的考虑。由于人们会长期生活在室内环境中,所以首要考虑的就是需要不断地优化室内的视觉感受,对于室内相对狭窄的地方,首先需要保障阳光的照射,使得人们能够感知到环境空间的宽广。如果室内的格局显得较大,则需要使用一些相对暗淡的色彩,使人们在视觉上可以感知建筑物变得相对较小,从而使室内环境更为和谐。

设计师要考虑使用者的性格与思维特点。设计师在进行室内环境设计的过程中,首先需要考虑使用者的性格与思维特点,确保能够按照房屋所有者的性格和思维特点进行设计。设计师在进行设计的过程中,还需要充分考虑室内的家具环境的颜色与格局,确保能够营造出和谐统一的室内环境,从而满足房屋居住者对于房屋的基本需求,提高房屋居住者对室内环境的感知能力。

二、关于室内环境空间的设计创新

室内环境的设计往往需要注重设计的创新与设计师的设计理念有机融合,在表现过程中具体会体现在室内尺寸与视觉效果上。所以设计师在室内设计的过程中往往需要注重室内环境的内部细节与尺寸之间的协调。设计师还需要充分考虑房屋所有者对于居住环境的布局与色彩等要求,确保室内环境能够首先满足房屋所有者对于居住环境的需求,然后再满足房屋所有者对于情感的需求。由于室内设计主要体现在室内的空间设计上,所以设计师需要将设计的方式以及想法有机地融合在室内设计的成果中,确保能够为房屋居住者提供特别的感知。设计师在进行室内空间设计的时候,还需要结合房屋坐落的地段特点,确保这些空间能够满足不同的对象和目标。

三、我国室内环境空间的创意设计阐述

关于房屋居住者的情感。当前我国室内环境设计往往结合使用者的性格特点,确保能够满足房屋所有者对于房屋居住的需求。目前我国室内设计往往表现出大气和简单的特点,这体现出我国人们大气的思想。设计师在设计的过程中,需要首先了解房屋所有者对于房屋使用的需求,确保能够为房屋居住者营造出和谐的家庭环境,确保人们能够在居住的过程中和谐交流。

关于房屋居住者对于室内设计的独特性追求。当前我国的室内环境设计往往呈现出标准化的设计体系,如在工作的过程中往往会表现出标准化的质量体系。由于房屋所有者对于居住的环境要求有着很大的不同,所以设计师在设计的过程中,需要充分考虑房屋居住者对于室内环境的审美要求,确保能够彰显出居住者对于居住环境特殊的要求。由于在室

内设计的过程中注重设计的创新，这需要结合房屋所有者对于居住环境的特殊要求，为房屋所有者营造出独一无二的居住环境，这样才能够受到消费者的喜爱。

关于区域的民族化发展与室内设计融合。当前室内设计往往结合民族文化的融合进行发展，所以室内设计往往有着鲜明的民族特点，这能够有效地推动民族文化的快速发展。例如，由于北欧处于纬度较高的地区，这个地区冬天的时间相对较久，黑夜的时间较长，所以缺少较多的光照，这使得该地区的室内设计师在设计的过程中会将房屋设计为明亮和简洁的风格，从而形成该地区室内的设计北欧风。北欧风的室内设计会给予居住者一种温馨的感觉，使得人们的居住归属感非常强烈。设计师在设计的过程中，需要充分考虑室内设计的发展趋势，注重融合当地的文化特点，从而不断地实现室内设计的创新。室内设计需要注重将文化元素进行良好的融合，避免将各个区域的文化元素进行简单的拼凑，确保该地区的文化特色能够得到保留。设计师需要充分思考室内设计的创新理念，从而不断地推动室内设计的快速进步。

当前我国居住环境的设计出现了很多变化，为了不断推动我国室内环境的快速进步，需要将室内设计的重心放在室内装修的和谐统一上。室内环境需要满足人们对于美的需求，为人们提供完美的室内设计效果。所以设计师在设计的过程中，需要加强对室内环境的感知，推动我国室内环境设计的不断进步和发展。

第四节 室内装饰设计的原则及创新

本节首先说明室内装饰的一些原则，然后提出了室内装饰设计是根据建筑物的使用性质、所处环境和相应标准，物质技术手段和建筑美学原理，创造功能合理、舒适优美、满足人们物质和精神生活需要的室内环境。

伴随着现代社会经济的迅速发展，人们生活水平及质量需求也在不断提高，室内装饰设计越来越置于人们生活、工作、休闲的主位。在人们众多变化多样的需求中，室内设计越来越人性化、合理化、舒适化。室内设计人员不断钻研，以创造良好的室内空间环境，充分考虑各类人群的需求，合理配置室内的环境和陈设，让人们在工作之余有个舒适的环境愉悦心情。

一、室内装饰设计的基本原则

室内装饰设计要满足使用功能要求。室内装饰设计布局及材料必须在满足现行国家消防规范的基础上，以创造良好的室内空间环境为宗旨，把满足人们在室内进行生产、生活、工作、休息的要求置于首位，所以在室内设计时要充分考虑使用功能要求，使室内环境合理化、舒适化、科学化；依据人体工程学合理设计空间布局、空间尺寸、空间比例；合理配置陈设与家具，妥善解决室内通风、采光与照明，注意室内色调的总体效果。

室内装饰设计要满足精神功能要求。室内设计在考虑使用功能要求的同时，还必须考虑精神功能的要求（视觉反映心理感受、艺术感染等）。室内设计的精神就是要影响人们的情感，乃至影响人们的意志和行动，所以要研究人们的认知特征和规律，研究人的情感与意志，研究人和环境的相互作用。设计者要运用各种理论和手段去冲击影响人的情感，使其升华达到预期的设计效果。室内环境如能突出地表明某种构思和意境，那么，它将会产生强烈的艺术感染力，更好地发挥其在精神功能方面的作用。

室内装饰设计要满足现代技术要求。建筑空间的创新和结构造型的创新有着密切的联系，二者应取得协调统一，充分考虑结构造型中美的形象，把艺术和技术融合在一起。这就要求室内设计者必须具备必要的结构类型知识，熟悉和掌握结构体系的性能、特点。现代室内装饰设计，置身于现代科学技术的范畴之中，要使室内设计更好地满足精神功能的要求，就必须最大限度地利用现代科学技术的最新成果。

室内装饰设计要符合地区特点与民族风格要求。由于人们所处的地区、地理气候条件的差异，各民族生活习惯与文化传统的不同，在建筑风格上也有很大的差别。我国是多民族的国家，各个民族的地区特点、民族性格、风俗习惯以及文化素养等因素的差异，使室内装饰设计也有所不同。设计中要有各自不同的风格和特点，要体现民族和地区特点，以唤起人们的民族自尊心和自信心。

二、室内装饰设计要素

空间要素：空间合理化并给人们以美的感受是设计的基本任务，我们要勇于探索时代技术赋予空间的新形象，不要拘泥于过去形成的空间形象。

色彩要素：室内色彩除对视觉环境产生影响外，还直接影响着人们的情绪、心理。科学地运用色彩有利于工作，有助于健康，色彩处理得当既能符合功能要求又能取得美的效果。室内色彩除了必须遵守一般的色彩规律外，还随着时代审美观的变化而有所不同。

光影要素：人类喜爱大自然的美景，常常把阳光直接引入室内，以消除室内的黑暗感和封闭感，特别是顶光和柔和的散射光，使室内空间更为亲切自然。光影的变换，使室内更加丰富多彩，给人以多种感受。

装饰要素：室内整体空间中不可缺少的建筑构件如柱子、墙面等，应结合功能需要加以装饰，可共同构成完美的室内环境。充分利用不同装饰材料的质地特征，可以获得千变万化和不同风格的室内艺术效果，同时还能体现不同地方的历史文化特征。

陈设要素：室内家具、地毯、窗帘等，均为生活必需品，其造型往往具有陈设特征，大多起着装饰作用。实用和装饰应互相协调，争取求得功能和形式统一而有变化，使室内空间舒适得体，富有个性。

绿化要素：室内设计中绿化已成为改善室内环境的重要手段。室内移花栽木，利用绿化和小作品改善室内外环境、扩大室内空间感及美化空间。

三、室内装饰设计特色

彰显个性，以人为本。相同楼房，相同房间结构，再配以相同的室内设备，给人千篇一律的感觉。为了打破同一化，个性化成为人们的首选，或把自然引进室内，室内外通透或连成一体；或者以斜面、斜线或曲线体现不同的装饰效果，以此打破水平垂直线的传统设计；或者利用色彩、图画、图案，利用玻璃镜面的反射来扩展空间等，打破千人一面的冷漠感。个性化的感悟，心灵与居室环境的对话，是个人最真实的情感，也是个人最安全的立足点。拥有个性化的生活标签，也是一种全新的生活时尚，但无论怎样设计，主题仍然应与居住者的年龄、职业、爱好等特点相适应，同时以实用和舒适为最高原则。

崇尚自然，重视环保。随着人与自然、人与生存空间的矛盾日益突出，很多人开始寄希望于通过设计来改善人类自身的生态平衡，室内生态设计越来越受到人们的欢迎，其主要理念包括：

把创造舒适优美的人居环境作为目标，提倡适度消费思想，倡导节约型的生活方式，不赞成豪华装饰室内，甚至奢侈铺张，把装饰消费维持在资源和环境的承受能力范围之内，体现生态文化观、价值观。

强调自然生态美，欣赏质朴、简洁而不刻意雕琢；同时在遵循生态规律和美的法则的前提下，运用科技手段加工改造自然，创造人工生态美，将室内绿色景观与自然融合起来。

对常规能源与不可再生资源节约和回收利用，对可再生资源尽量低消耗使用，争取最大限度地循环利用各种资源，使现代建筑得以持续发展。

内外统一，整体布局。室内环境设计是一门整体艺术，它应是空间、形体、色彩、虚实的把握、功能组合的把握、意境创造的把握以及与周围环境的协调。同时，室内各物件之间也存在整体美。有些设计使室内外通透，或打开部分墙面，使室内外一体化，创造出宽敞的流动空间，让居住者更多地获得阳光、新鲜空气和景色。

尊重传统，重视科技。装饰是一种文化。装饰文化首先是一种传统文化。我国装饰业在近一二十年有了很大发展，吸取了许多发达国家的文明成果，但并不能因此否认我国优秀的传统家装文化。装饰文化也包含现代文化。随着科学技术的发展，在室内设计中已广泛采用现代科技手段，以达到声、光、色、形的最佳匹配效果，实现高速度、高效率、高功能，创造出令人赞叹的理想的空间环境来。然而，"现代化"与"民族性"并不矛盾，芬兰著名的设计大师约里奥·库卡波罗曾说过："'民族性'时常能够成为一个灵感之源。"民族传统如能正常发展，绝不会与现代化相冲突。有些住宅装饰传统风格隆重而又新颖，设备、材质、工艺高度现代化，室内空间处理及装饰细节也融入了传统工艺和现代科技，其效果引人入胜。所以家装设计传统的活力应在于创新。总之，室内装饰设计是一门综合性很强的学科，涉及社会学、心理学、环境学等多种学科，还有很多东西需要我们去探索和研究。

总而言之,室内装饰设计的基本任务是合理地利用空间,运用建筑技术和建筑艺术的规律、构图法则等,寻求具体空间内在的美学规律性,最终改善人们的工作、生活环境。

第五节　室内设计中环境艺术的创新

随着生活水平的逐渐提高,人们对自身的居住环境提出了更高的要求。因此在进行室内设计时,既要重视人类对物质生活的需求,也要充分考虑人类对精神生活的需求,从而为人们提供更好的居住环境。环境艺术是现代室内设计中的重要部分,其对提高室内设计的艺术性有着较大的影响。因此,设计人员需要具备较高的审美能力及创造能力,加强对环境艺术的创新应用,使室内设计的艺术性及整体性得到充分的体现,使室内设计的水平得到有效的提高。

一、室内设计的基本特征

与传统的室内设计相比,现代室内设计存在以下几个特点:(1)最大限度地减少环境破坏。这就需要设计师选择能耗较低的材料,通过计算减少建筑的废料,使室内的环境更加绿色环保。(2)能源消耗的控制。需要尽量采用地热能、风能、太阳能等环保型能源,以此降低能源消耗,实现人与自然的和谐共处。(3)防止后期污染物的产生。在室内施工结束时,无论是拆除过程还是使用过程,都要避免出现污染物的形成,使室内环境的质量得到有效保障。(4)降低经济成本的浪费。在满足室内设计要求的基础上,尽可能地控制成本消耗,使项目参与方的经济效益得到有效提升。

因此在进行现代室内设计时,设计人员需要考虑的因素相对较多。想要保证室内设计的整体质量,就必须迎合社会发展的要求,不断对室内设计进行优化和调整,使其能够充分满足居住者的各项需求,使居住者的生活质量得到有效提升。

二、室内设计中环境艺术的创新

回归自然的创新。在城市化建设的背景下,我国人民越来越倾向于自然环境,在这种情况下,回归自然就成了我国人民的心理需求,同时也是现代室内设计必要的考虑因素。在进行室内设计的时候,设计人员要重视人类回归自然的情感渴望,将自然元素以各种形式融入室内设计中,以此提高室内设计的艺术性,实现自然生态环境与室内设计的融合,使居民能够感受到自然之美。

以人为本的创新。设计人员要准确把握现代人对生活的追求,并结合实际情况开展有针对性的室内设计。室内设计的本质就是为人类提供更好的生活空间。所以,在设计的过程中要坚持以人为本的原则，对人与空间环境进行合理的协调，使居住者能够充分地感受到室内空间的实用性、安全性及艺术性，从而有效提高居民的居住质量。在现代化城市的发展背景下，室内设计的风格越来越多，有些设计过度追求个性化、美观性，存在"本末倒置"的情况，而没有认识到居住者的实际需求。因此，想要保证室内设计的合理性及有效性，必须要将以人为本的理念融入室内设计中，实现其与环境艺术的结合，将固化的混凝土结构改变成温馨的居住空间，以此突出室内设计中的人文关怀，使室内设计水平得到有效的提高。

个性化的创新。个性化是环境艺术设计的一大特点。在进行个性化设计时，设计人员要正确地处理个性化与合理化的关系，避免出现"本末倒置"的情况。由于每个人的审美观念不同，对室内环境的体验也会有所不同。这就需要设计者准确把握居住者的实际需求，根据室内的实际情况进行有针对性的设计，采用不同的设计风格、材料及手段使室内设计的个性化得到有效的提升，充分满足居住者的各项需求，为居住者提供更加舒适和优美的生活环境。同时，在进行个性化设计的时候，设计者要充分考虑到节能、环保、安全、经济等各方面的问题，并保证室内设计的合理性及科学性。

实用性的创新。在以往的室内设计过程中，常常出现因装修材料造成的室内污染问题，这对居住者的身心健康造成了较大影响，甚至给居住者带来了很多困扰，不利于室内设计的科学发展。为保证室内设计的实用性，设计人员需要对室内设计的美观性和环保性进行综合考虑，尽可能地选择具有环保性能的材料，同时使室内环境的实用性得到有效提升。另外，在我国科学技术持续发展的背景下，各种技术都被应用到室内设计中，通过对室内环境的光线、颜色及声音等各种因素进行不同的搭配，使室内空间的美观性及实用性得到有效提升。

综上所述，在社会经济及城市建设的迅速发展下，我国人民对室内居住环境的要求逐渐提高。想要保证室内设计的整体质量就必须要做到与时俱进，充分了解居住者的物质生活需求及精神需求，并对室内设计中的环境艺术进行回归自然的创新、以人为本的创新、个性化的创新和实用性的创新。使居住者对室内居住环境的各项要求得到充分的满足，实现人与环境的和谐共处，为室内设计的可持续发展奠定良好的基础。

第六节　室内环境设计中的装饰创新

室内装饰设计是设计师运用建筑美学原理和物质手段，创造出能够满足居住者物质、精神所需要的室内环境，从而给居住者带来一种合理、舒适的心理感受的设计类别。对于室内装饰设计来说，不仅要保证空间的实用、安全和质量，还必须保证空间装饰的美感和个性化，使室内空间更加具有实用价值和观赏价值，既要满足居住者相应的外在功能需求，同时也要表达出一种具有文化与特定风格的内在要求。如今，绿色环保和可持续发展逐渐成为新的潮流风尚，我国很多室内装饰设计师因此产生了"以人为本"的设计理念，在居住者与室内环境的交融和室内空间的装饰上，都更为注重人们的真实感受和内心想法，并在此基础上进一步创新，在满足人们日常生活的同时，也帮助人们实现了精神上的享受。可持续发展不仅关注我们下一代的发展，更是人们未来生活的一种理想状态。因此，室内装饰设计的目标，在于迎合居住者的审美和内在想法，根据居住者的兴趣爱好，设计出一个满足绿色概念和可持续发展的舒适空间。

在进行室内装饰设计的过程中，所设计的装饰品要能够体现出装饰品的文化底蕴和人性化理念，不仅要保证整体装饰看起来具有特色，更要注意每个设计都应该具有实用性，将其与周围的室内空间充分融合，体现统一性和整体性。首先，在室内装饰设计中，设计师不仅要重视室内整体环境的美感，还应注重其文化底蕴和人文思想的融入，避免出现华而不实的装饰风格，使每位居住者可以居住在更加高档的室内环境中。其次，设计师在进行室内装饰设计的过程中要重视人与自然、文化的和谐统一，在得到居住者认可的前提下将设计风格融入人文理念，如此，居住者不仅能够享受舒适的室内空间，同时也能受到人文理念的熏陶。

一、装饰创新的有效途径和创新方式

在装饰设计中树立可持续发展观念。现阶段人们越来越注重生态环境的保护，所以在室内装饰艺术设计中，应当将坚持绿色环保理念作为设计前提，贯彻落实可持续发展观。首先，在装饰设计工作进行的过程中，应注重室内整体环境与可持续发展理念的结合，将绿色环保思想融入室内装饰设计之中，在进行设计的过程中贯彻落实可持续发展的设计理念，引导人们在日常生活中高度重视绿色环保。其次，在室内装饰设计的选材方面，要选用以绿色节能型为主的装饰材料，坚决杜绝污染环境的劣质材料出现，这样不但可以节约能源的使用，还能够净化人们的生活空间，满足人们对居住环境的要求。

重视室内装饰人性化和整体化设计。在室内环境装饰设计中，设计师要高度重视装饰设计工作的个性与共性。首先，设计师要遵循人性化设计原则。随着人们审美的不断提升，对装饰设计的要求也越来越高，风格要求也更加独特，有更多可分辨性。设计师要满足人们的需求，将以人为本的人性化设计理念运用到室内装饰中，使设计的整体层次与个性化相辅相成，在室内环境装饰设计中融入人性化元素，不断细化室内环境的装饰风格，提高室内装饰整体的美感。其次，个性化是室内装饰设计的创新点和点睛之笔，因此在进行装饰设计时，设计师一定要充分了解客户对室内环境个性化的要求，为其打造出个性化的空间居室。另外，应将室内环境的舒适性和功能性放在首位，如此才能设计出贴合客户要求的装饰品。要在全面考虑居住者对装饰设计品的消费能力的基础上进行装饰设计风格和选择，将装饰设计的平衡感放在首位。

融合传统元素，体现装饰设计的文化性。室内装饰设计主要体现的是室内空间环境的文化特征，主要表现在设计师如何将文化底蕴和人文设计理念渗透到其作品中。中华民族具有源远流长的历史文化，近年来，随着国潮风格的兴起，中式风格已经成为人们日渐喜爱的新风格。作为装饰设计师，更应该将传统文化元素灵活应用到装饰设计品中，这就需要设计师对中华传统文化和民俗风情有一定的了解与把握，在借鉴传统装饰的基础上推陈出新，确立自己的设计风格，以此来创新现代室内装饰品，丰富其文化特征和文化底蕴。一方面，在家具的装饰和设计上，可以突出文化感，切记不可将家具与环境分隔开来，而是要彼此相融，成为一个整体。家具若是布置得当，有利于提高室内环境的文化素养，能起到良好的文化传播作用。另一方面，还可以通过选择一些传统的室内环境装饰素材，如具有浓厚的历史感的纺织品，来突出室内环境的文化性。除此之外，传统元素的使用还要符合现代审美要求，将其与现代化元素相结合，以此来贴合居住者的生活，满足其现代化装饰设计的需求，树立起全新的室内装饰设计风格，引领环境居住风尚。

二、目前我国室内装饰设计中存在的弊端

就目前国内整个装饰设计的市场来看，其存在的弊端较为明显：

（1）大多数作品并未做到个性化设计，较多室内装饰品都并非原创。很多装饰设计师在设计过程中极其缺乏创造力，只是片面地照着别人的样式来设计，抄袭现象比较严重，且设计的作品仅浮于表面，并未探究其深层次的设计内涵，这直接导致设计出的作品缺少文化底蕴，更使得我国很多的室内装饰品如出一辙、毫无新意、千篇一律，很难打造出优秀的室内装饰设计作品。

（2）我国很多的室内装饰设计师的设计思想比较陈旧，并未创新、明确自己的设计理念。他们的设计理念大多停留在仅以设计具有实用性的作品之上，这种简单的设计理念与现代化生活是不匹配的，已经跟不上现代社会潮流。室内装饰设计的设计理念是最为关键的，其目的就是为居住者提供舒适且满足需求的生活环境，设计师只有革新了设计理念，不再将设计思想禁锢在旧有的理念中，整个室内装饰的设计质量才能更好，才能更加贴合人们对于现代化生活的需求和审美观念。设计理念在很大程度上决定着整个设计的质量，引导着设计师对作品设计思路和脉络的把控。在经济飞速发展的当代社会背景下，人们对于室内装饰设计的要求也随着社会发展的多元化呈现出了个性化、多样化等不同的趋势，因此，以往较为单一的室内装饰设计并不符合人们当前的审美需求，不能给人们带来较好的视觉与感官享受，与人们的思想观念存在较大差异。

（3）从现阶段室内装饰设计的整个大环境来看，很多设计师在选取装饰材料的过程中，并未多加考虑材料的质量与成本等方面的问题。一方面，在室内装饰设计中，设计质量很大一部分由装饰材料的选取所决定，因此，设计师并不能仅仅为了节约成本而选用装饰效果并不好的劣质材料。这既会导致实际的设计效果与居住者的要求有所差异，更会因选材不够科学严谨而造成室内环境污染。另一方面，在设计师使用装饰材料的过程中，普遍存

在对材料使用量把控不当的问题，造成材料的浪费，从而增加了装饰成本。

三、对室内装饰的创新建议

创新为经济、科技迅猛提升的现代社会提供了持续发展的必要条件，在室内装饰领域里，创新就意味着给设计作品融入全新的内涵。设计师只有通过客观的、科学的态度进行反复设计，不断改进、创新自己的设计作品，突破原有的设计瓶颈，才能使自己设计出的装饰品富有生命力。

①要树立可持续发展的绿色环保设计理念，设计出更加适合且美观的室内装饰品，达到展现人与自然和谐关系和满足居住者需求的目的。②装饰材料的搭配和协调对于室内装饰艺术设计影响巨大，设计师需要具体问题具体分析，根据当前设计的需要来选择科学且环保的装饰材料，这就对设计师的选材能力和设计水平有一定的要求。设计师只有提高自身的设计水平，对自己的每一个设计作品所用的材料加以审视，不断地对设计作品进行创新，才能在设计风格和理念上引领装饰设计潮流的发展和进步。③设计师要将以人为本的人性化设计理念体现在室内装饰设计当中，人性化是一种人性理念的融入和体现，设计师要从客住者的实际需求出发，根据一定的规律选择和布置室内装饰品，在实用中体现美感，在美感中体现人性化理念。④设计师要想让设计作品具有闪光点，设计要具有个性化，只有掌握了个性元素的设计，才能为作品创造点睛之笔，才能体现出一个设计师的专业素养和创新能力。⑤设计师要将中外文化概括成现代艺术美学，贯穿渗透到每一件自己所设计的室内装饰品当中，使其具备一定的文化内涵。设计师还需要将多种元素渗透到所设计的装饰品中，注重每一个设计产品适用人群的生活习性、当地的风俗民情和他们房屋所处的地域环境，了解不同装饰风格所具有的文化背景，做到室内装饰与空间环境、文化的有机结合，才能塑造出有文化有底蕴的现代化室内装饰，设计出一个有灵魂、有厚度的作品。

室内装饰设计并非一项简单的设计工作，人们日常生活的大部分时间都处在室内空间中，因此室内空间对于居住者的心情、性格、气质、健康等方面都会产生很大的影响。所以装饰设计需要从多方面进行考虑，所涉及的内容比较多，具有一定的复杂性。要满足人们对室内装饰设计多方面的要求，设计师只有将以人为本的人性化设计理念融入装饰设计中，不断深化可持续发展的设计理念，顺应时代发展趋势，发散思维、突破创新，才能更好地实现室内装饰的个性化创新，创造出符合居住者要求同时又不失美感与风格的室内装饰品。室内装饰设计不能只停留于表面形式，而是要具有一定内涵。通过文化潮流的感染力和设计师对室内装饰品的精雕细琢，可以传达一种历史文化、一种民族风情、一种文化修养、一种生活态度、一种潮流时尚，塑造最舒适、最贴合居住者需求的室内空间。室内装饰设计不仅是最为贴合生活的设计行业，更是让体验者快速、直接地了解设计师设计意图和脉络的行业。只有设计与时代同一个步伐，才能保证室内装饰的审美被大众接受，使设计师有动力设计出符合时代潮流的、有文化底蕴的、符合居住者需求的艺术品。

第七节　建筑室内设计中色彩元素的创新

色彩是人们生活中的一部分，它能够使我们的生活充满美感。除此之外，色彩能够影响人的情绪，枯燥无味的生活会因色彩的装扮而让人心情舒畅。建筑室内设计中色彩运用得当，特别是温馨、明丽的色彩能够为我们的生活增添乐趣。对此，本节将对建筑室内设计中色彩元素的搭配进行研究讨论，并对如何利用色彩元素营造良好的舒适、温馨的室内环境进行探索，从而满足人们日益增长的精神文化追求与审美需求。

随着现代社会的发展，人们的审美水平在不断地提高，并且对室内色彩搭配的要求也随之增多。色彩是室内设计中重要的元素之一，室内设计的色彩风格，不仅能够影响人的身心健康，而且关系整个设计风格的成败。因此，每个设计师都很重视室内设计中色彩的科学合理搭配，这样才能使设计的作品满足人们的审美需求，从而保证室内设计的质量与水平。

一、建筑室内设计中色彩元素的作用

色彩在建筑室内设计中具有重要的地位，它不仅能给人带来美的享受，更对人的身心健康发展具有重要的作用。因此，现代室内设计都融入了人的情感在里面，根据人们的爱好、性格特征的不同，运用不同的色彩元素。这样科学地把色彩元素融入建筑室内设计之中，不仅给建筑增添了活力，也给居住者带来了感官上的享受。

调节室内的空间结构的作用。室内设计中色彩元素的不同搭配方式，能够营造不同的生活氛围。为了满足人们多样化的生活需求，设计者在对室内进行设计之前，首先要了解居住者的性格，以及生活环境，并根据其要求展开室内设计。

因此，设计师必须要了解不同色彩元素搭配给人们的直观感觉。例如，白色、浅蓝色、粉色等浅色系给人的感觉是明亮、宽敞；反之，黑色、灰色等冷色系给人的感觉是封闭压抑。因此，设计师只有了解不同颜色给人的感觉，并把握其中的调色原理，才能够根据人们的要求设计出令人满意的作品。

能够体现居住者的性格特征。每个人都有自己独特的性格特征，由于其性格特征、兴趣爱好的不同，其居室的布局构造、色彩风格也会有所不同。因此，室内的主色调能够折射出居住者的性格特征。例如，一个性格开朗活泼的人的居室色彩多以浅色调为主；而一个性格严肃内向的人的居室则倾向于深色、暗色调等。

能够调节人的情绪。色彩能够调节人的心情，这主要是因为颜色对人的感官具有刺激

作用。高纯度的两种色系对比，给人的视觉冲击力比较强，容易使人产生烦躁的情绪；而过于单调的色彩又会让人产生审美疲劳，让居住者心情压抑。因此，设计师在对建筑室内进行设计时，要把握好颜色之间的搭配，不能过于复杂与单一。只有合理的搭配才能给人带来精神上的愉悦与感官上的享受。

能够调节室内的温度。居室中的温度不仅受气候的影响，而且与室内的颜色设计息息相关。因为不同颜色对光的反射作用不同。因此，室内设计中颜色的选择能够在一定程度上影响室内的温度。例如，白色、粉色、蓝色等暖色调能够让人感觉到温暖；反之，黑色、灰色等冷色调的颜色会让人感觉到清凉。设计者在选择色彩进行搭配时，要考虑气候、季节等因素，这样才能设计出符合人的需求的作品。

能够调解室内的光线强度。不同的颜色受光的刺激后，所折射的紫外线波长不同。因此，在选择建筑室内设计的颜色时，要根据房间的朝向，以及接受阳光的多少来进行色彩搭配。合理的颜色搭配不仅能够调节室内的光线强度，而且可以让居室更加的和谐、温馨。一般情况下，冷色系对光线的反射率比较低，因此房间的色彩设计多采用暖色系，并且适当搭配其他颜色进行调节，能够提升室内的亮度。

二、室内设计色彩的创新运用

色彩的运用与建筑空间的使用有一定的联系。在对建筑室内的色彩进行搭配之前，设计师一定要了解其建筑空间使用目的，并根据使用目的的不同，进行合理的色彩元素搭配。例如，在对卧室进行色彩搭配时，要以暖色调为主，这样能够使人心情愉悦，从而保障人们在一个比较温馨的环境中生活；反之，在对办公室、会议室进行色彩搭配时，要以冷色调为主，从而营造一种严肃、庄重的氛围。因此，在对室内设计进行颜色搭配时，一定要了解其用途，这样才能做出比较合理的色彩搭配方案。以此来保障色彩搭配方案的合理性，并符合人们的需求。

色彩运用要根据人的性格特征、年龄进行创新设计。不同的颜色给人的感觉大不相同，因此，在进行室内颜色设计时，设计者必须根据居住者不同的性格特征与年龄进行合理的色彩搭配，确保色彩搭配的结果符合居住者的性格、年龄特征，这样才能满足人的心理需求，给人的生活带来美的享受。

根据年龄阶段进行创新设计。在对儿童的房间进行色彩搭配时，要以粉色、蓝色等暖色调为主，为儿童的健康成长提供一种阳光的氛围，这样能够给儿童带来温馨感、安全感；在对中年人进行建筑室内色彩搭配设计时，要以冷色调为主，并适当搭配其他颜色进行调节，以确保室内环境的清新、整洁。

根据性格特征进行色彩元素搭配。由于每个人的性格特征不同，所以对颜色的感知也不同。在对室内进行颜色搭配时要适当对其性格特征进行弥补，这样才能促进人的身心健康发展。例如，在对性格内向、孤僻的人进行建筑室内色彩元素搭配时，要适当地加入明亮的色彩，让其生活环境充满青春活力，这样能够弥补其性格上的不足，起到调节平衡的作用；反之在对性格活泼开朗的人进行建筑室内房间的色彩元素搭配时，要适当加入一些冷色调，让其生活不那么浮躁，多一些稳重、少一些喧哗。这样创新的色彩搭配方式，有利于人的身心健康发展。

根据建筑房间的空间方位的不同来进行科学的色彩元素搭配。色彩元素在不同的空间方位的房间建筑设计中，体现出来的空间效果大不相同。因此，设计者在对室内建筑进行色彩搭配时，要了解其空间方位的特点，并根据建筑房间的大小、朝向来进行合理的色彩元素搭配。这样才能保证其设计出的作品，更加符合人们的生活需求。

例如，在一些空间面积比较大的建筑室内，应该选择一些深色调，这样能使建筑室内显得更加的凝重，增加室内的厚重感；对于一些窗户朝向北方的建筑室内，因为室内的光线不足，因而要选择一些浅色调，以提升室内的明亮度。

根据居住者性别进行创新设计。建筑室内设计要根据其空间使用者性别的不同，进行合理的色彩搭配。因此，设计者在对建筑室内进行色彩搭配之前，应该了解空间使用者的性别以及喜好，这样才能保证其设计的色彩风格符合居住者的个性需求。例如，在对女孩的房间进行色彩设计时，要以粉色系为主，给人清新、明丽的感觉；在对男孩的房间进行设计时要以蓝色系为主，以表现其大海般的气度与胸襟。

综上所述，随着生活水平的提高，人们对建筑室内设计风格的要求也在不断增加。而色彩的选择运用，对建筑室内设计的风格具有决定性作用。因此，设计者在对室内的色彩元素搭配选择时，要与建筑室内的空间使用者做好沟通与交流，实地了解、考察建筑室内的各方面的情况，根据居住者的实际需要，对室内设计色彩元素进行合理化的搭配与运用，这样才能设计出符合人们需求的设计作品。除此之外，设计者要具有专业的色彩搭配知识，这样才能设计出不同风格的设计作品，从而满足人们日益增长的精神需求。

第八节 青年公寓室内空间设计形式的创新

近年来，青年公寓在各大城市中深受青年人的喜爱。然而，环境舒适感低、建筑材料与色彩的搭配较差、空间利用率低等设计问题，成为制约青年公寓普及的主要因素。在此背景下，创新公寓室内空间设计形式势在必行。本节针对青年对公寓室内空间的具体要求，遵循公寓空间功能性、家具灵活性和装饰风格极简惬意的三大设计原则，提出青年公寓室内空间设计形式的创新路径，以期满足城市青年对居住空间风格的需求。

青年公寓属于过渡型住宅，多数以小面积独立住宅为主，少部分公寓带有公共活动区域。通常一套青年公寓的面积在 20m² ~ 45m² 之间，结构以一室一卫一厨为主，部分公寓带有阳台、客厅等辅助结构。主要居住群体为 20 岁 ~ 35 岁之间的都市青年，该群体的生活节奏较快，要求更高质量的生活。不一样的生活方式决定差异化的居住形式，这直接决定了青年公寓不仅要在有限的空间内满足青年基本生活所需的功能区域划分，还要满足青年工作、社交和娱乐等生活要求。在室内空间大小和形状固定的基础上，结合居住者的居住目的，设计者不仅要设计出能满足居住者要求的青年公寓室内空间结构，还要具有经济、美观等特点。

一、青年公寓室内空间的设计分析

设计定位。青年公寓的主要居住群体是年龄在 20 岁～35 岁之间的年轻人，因此设计人群定位以生活在都市的年轻人为主、生活在村镇的年轻人为辅。公寓室内空间设计形式的出发点是调查年轻人对居住空间的需求，以及分析青年对理想居住环境的要求。根据网络论坛中青年对居住环境的吐槽和偏向，发现青年喜欢的公寓风格是简约、极简、北欧风和轻工业风。都市青年生活节奏较快，还承受着工作、交际和生活等多方面压力，所以舒适放松的室内空间设计更受欢迎。青年群体属于爱娱乐、爱时尚和社交多的群体，对于公寓的娱乐功能、社交功能和时尚功能有相应的要求，偏向于带有活力的舒适极简风格定位的公寓室内空间设计形式。现代化都市生活具有开放和共享的特点，因青年更喜欢开放式空间设计和能够共享的公共娱乐活动区。在进行青年公寓室内空间设计时，应当充分考虑青年对于快乐生活和高品质居住环境的需求，为青年提供惬意且温馨的居住环境。

设计思想框架。青年公寓居住群体的需求可分为三大类，分别是居住需求、社交娱乐需求和惬意极简需求。其中居住需求是指青年在一定空间内，完成日常生活各项事情的需求。即居住空间内的基本要求，在一定的空间内完成饮食、休息和仓储等日常生活活动。这种需求对室内空间设计提出要具备全面的生活功能、合理的功能区域划分和灵活的家具规划等要求。社交娱乐需求是指青年需要一个能够社交和娱乐的空间。现代青年多数是宅男宅女，大部分喜爱网络游戏和虚拟社交，导致青年人越发感到孤独和寂寞。基于这一现象，青年公寓室内设计需要划分出独立的空间，用于锻炼、游戏、阅读和社交等活动，促使青年之间相互认识、分享经验和交流知识，共同创造丰富有趣的生活。惬意极简的空间定位需求是指结合青年的生活状态、心理活动和感官认知，发现简单的居住环境容易提升人的舒适感。这对公寓室内空间设计时选用何种材料、色彩、光度和形状等提出了要求，通常几何形状、大块的色彩、局部鲜活等元素随机组合能够搭配出极简的惬意环境。

设计原则。设计者在设计青年公寓室内空间时应当遵循以下三个原则，即公寓空间功能性原则、家具灵活性原则和装饰风格极简惬意原则。公寓空间功能性原则是指设计师在划分空间功能区域时可以加入共享空间功能区，增加公寓的居住价值。公寓内能够附加的共享功能区有共享厨房、娱乐室、观影厅、书吧、水吧和公共活动区等。家具灵活性原则是指将家具模块化和功能叠加化，增加单位空间内的功能量。如设计一些拼接性的家具模块，使其能够拼装成桌子、椅子、柜子和床等家具，实现功能多样化，提高使用率。家具多功能设计能将小空间转变为大空间,具体形式有折叠、充气、模块化和扁平化。如收纳箱与座椅功能相结合、楼梯与柜子和椅子的功能相结合,以及将床折叠进柜子内,增加地面活动空间。装饰风格极简惬意原则是指装饰颜色尽量要少,装饰品尽量少且简单,具有年轻感、现代感和实用性。

二、青年公寓室内空间与青年居住需求之间的问题

空间光环境的舒适感低。室内空间结构的不同,形成的采光效果和所需要的光照风格并不一致。目前,大部分青年公寓的采光不够好,照明设计没有小资和小清新的感觉,不符合广大青年对年轻活力居住风格的追求。如青年公寓的采光不够通透明亮,见光时间短暂,长期晒不到太阳,这种采光情况对室内光照设计提出了更高的要求。居住空间的光氛围通常不够温馨,没有营造出睡眠、家庭和居住的温馨氛围。居住环境中运用到的光照属性较少,仅仅运用了照明的功能,没有进一步改变室内空间的色温和光线氛围。多数青年公寓的色调与装饰材质单一,搭配出的效果不符合青年对居住环境温和、惬意的要求。说明设计公寓室内空间时,没有充分考虑不同色调和光照下,建筑装饰材质反映的视觉效果并不一样,导致公寓室内空间感觉与青年的心理预期相差较远。

室内空间材料与色彩的搭配较差。室内空间的用材与颜色搭配效果较差,不符合青年需求的年轻活力和温馨的居住空间。多数公寓选用的地板材料是瓷砖和木质板,通常以纯白色和棕色为主,没有独特性也不够高端。材料和色彩的不同组合,可以形成不同的艺术效果,并表达出多样化的情感。大部分青年公寓室内空间的搭配并不能调节青年的心理状态,难以形成家的归属感,导致青年的生活品质感下降。公寓的材料与色彩搭配不合理,不能营造出温馨、舒适和小清新感觉,出租率和购买量很难上升,说明青年关于居住空间的视觉效果的需求没有被满足。一方面是设计者没有设计出较好的空间装饰材料和色彩搭配效果;另一方面是青年没有足够的资金承租或者购买设计感良好的公寓,导致材料质感粗糙,色彩搭配随意。

公寓室内空间利用率低。在个人居住的私密环境中,青年偏向于个性化和宽阔的室内空间,而大部分青年公寓的室内空间利用率较低。基本的日常生活所需基础空间功能和家具较多,占据有限空间内的大部分面积,形成紧凑和混乱的视觉效果,使居住者形成压抑和焦躁的心理情绪,不利于工作生活的可持续良性运转。尤其是在小型的青年公寓中这种现象更加突出,仅能容纳一个独立卫生间、一张床、一个厨房操作台和一张桌子用于办公和用餐等日常活动所需的基础功能设施,能容纳人通过的空间过道更是狭窄。青年人在这样一眼望到底且极其拥挤的室内空间生存,再加上来自多方的压力,容易产生抑郁等消极的心理。因此,打造高空间利用率的青年公寓,形成宽阔的室内居住空间,缓解社会青年的心理压力是设计者急需解决的问题。

三、青年公寓室内空间的基础设计形式的创新路径

公寓空间通透设计。单间青年公寓中的居住人数较少，在公寓室内活动的时间段比较稳定，因此可以适当地减少公寓空间部分功能的面积，进而提升室内空间的通透感。都市青年的生活节奏较快，在公寓内以休息、办公和简单的进餐为主，所以公寓内的厨房功能区面积可以缩小。设计者将餐厅与厨房相结合，形成开放式厨房，采用一体式橱柜，打造连贯性强隔断少的室内空间环境，进而提升公寓室内空间的通透程度。无隔断的室内空间环境提高了通透度，但要求室内居住者保持室内环境的干净整洁，杂乱的摆设容易使人感到焦虑和混乱。在不同功能区之间用装饰性产品打造隔断，这种不影响视觉通透感的阻隔装饰，能间接扩大青年公寓的室内空间，形成小面积多功能区的迷你型公寓空间。公寓中各功能区被打通后，应注意餐桌尽量靠近厨房，避免对着厕所，影响居住质量。青年公寓室内的厨房、餐厅和客厅之间的隔断被打通，能够提升青年公寓的通透感。

居住空间灵活设计。居住空间的灵活设计可以从引入智能化家具和合理设置归纳空间两方面着手。在青年公寓中引入智能家具，能提升都市青年人生活的便捷度、美观度和舒适度，体验现代科技发明的魅力。部分智能化家具能够执行设定程序或者通过感应运行，无须人为地操作机器开关。智能家具具有收集信息和处理大数据的功能，能够根据实际生活的需要和偏好，满足青年对公寓居住空间更多的需求。智能家居的外观并不单一，为青年住户提供多项选择，能寻找到符合公寓的整体设计风格且不突兀的智能家具。合理收纳能缓解大部分青年居住面积小却生活用品多的难题，同时增加公寓室内空间的灵活度。多数公寓的下层空间被占满，上层空间闲置有待进一步开发，如在上层空间中设计出新的储物层。除上层空间外，下层空间内的部分家具可以改造为带有收纳功能的家具，如将床底或座椅底部改装为抽屉、柜子等形式的收纳箱。部分家具可以更换为多功能可伸缩的家具。以上举措能够增加公寓的收纳和使用面积，提高公寓室内空间的灵活度。

功能空间复合设计。青年公寓室内环境通常是卧室与客厅、餐厅等功能区之间划分界线不明显，可以将多个功能区整合在一起，满足多项日常生活活动的需要。大多数现代青年人将朋友或家人带到青年公寓中的次数较少，不必清晰划分各功能区空间，可以将餐厅与会客室和书房等需要桌椅的功能区合并。这种集合多种功能的空间区域，提高了单个功能空间的使用率，如在一个区域内可以开展就餐、娱乐、学习和会客等多项日常生活基本活动。在使用这个统一的空间区域时，应当根据实际需要进行不同的布置，使功能空间在运行某功能区职能时，不比单一功能区间的效果差。在复合功能区间使用折叠的适宜尺寸多功能家具，既能满足功能多变的需求，又能保证青年公寓室内有充足的留白空间，营造出舒适的视觉效果。青年公寓室内空间功能复合化设计，实现在一定的空间范围内，实施多种日常生活活动的目标，提高公寓室内空间使用率。

辅助空间优化、延展设计。辅助空间主要指阳台、卫生间等功能区。设计者可以将青年公寓的阳台容纳进室内面积，提高室内使用面积，并增加一个充满阳光的学习休闲区。可以将阳台改造成含容纳箱的窗台，高度与座椅椅面高度一致。在这个新窗台上放置一张桌子或者几个靠枕，形成一个享受午后阳光的娱乐区，符合青年人对美好生活的要求。卫生间面积的大小决定卫生间具有多少功能，有的卫生间仅能容纳一个坐便器，有的卫生间能够容纳洗脸池、坐便器和淋浴设施，甚至还能放置洗衣机等日常清洗类家电。公寓内的卫生间能解决越多的生活需要，越能减少青年人外出的次数，提高公寓生活品质。优化青年公寓的现有室内辅助空间使用情况，延伸出新的功能区，有助于提高青年的居住满意度。

随着社会科学技术的进步，青年人对居住空间提出了更高的要求。设计者在设计青年公寓室内空间时，应当从青年人的生活状态、心理状态和实际需求出发，详细分析青年对公寓居住空间的要求，进而设计出符合广大青年的公寓室内布局。室内空间中使用的材料、灯光的饱和度和光照强度、智能家具和收纳程度等多个方面不同的选择与设计，均会对居住者的感觉和心情产生不同的影响。青年公寓室内空间设计形式不仅需要满足青年的基本居住功能，还要把握好青年的心理方向和空间感，进而从多个角度为青年营造既活力又极简的空间风格，提升青年的居住环境质量。

第九节　地域文化在中国室内设计中的传承与创新

在全球化背景的影响下，中国的室内设计这一行业领域也遭受到了从未有过的巨大冲击。由于过度地追求国际化，导致我国的室内设计作品与西方的越来越像，以至于把我们本身的特色都丢失了，具有本土性的设计越来越少，所以现在很多人都开始着眼于发展关于我国的地域性的室内设计。本节将会根据我国现在的实际情况，进一步讨论在这个国际化的大环境所带来的冲击之下，怎样才能传承以及创新室内设计中的地域文化。

科技的迅速发展，以及信息时代的到来，使得每个地域之间在各个方面相互融合，可以说这也在无形中给设计行业带来了无限的机遇；同时，这也是一个巨大的挑战。在全球文化相互融合相互借鉴的过程中，地域传统文化慢慢地被现代文化的思想潮流所替代，导致现有的设计中地域文化渐渐在消失，在当代"全球化"和"本土化"分别发展的过程中，免不了发生不一样的碰撞，这也使人们开始慢慢思考，从而去找到真实的自我。现在越来越多的人会把民族和地域文化元素融进室内设计里面，地域文化与民族文化越来越受到人们的重视，所以这也使室内设计具有了自己的内涵。

地域文化设计，是在设计风格多如牛毛的年代被曼德福力排众议提出来的，但是，当时并没有受到世界的关注。一直到很多年之后，1964年，伯纳德·鲁道夫斯基在纽约现代艺术博物馆开办了一场"没有建筑师的建筑"的展览，这个展览在当时可以说是轰动一时，这也使得地域文化设计这个概念得以出现，同时还使地域文化设计受到重视。

一、地域文化与设计之间的联系

室内设计通常是指对整个建筑物的内部空间进行整体设计,室内设计往往会受建筑物实际所在地的风俗文化特点,还有人们自身对于传统文化的认识以及审美等因素的影响。人们开始逐渐意识到,地域文化对于我们是多么的重要,同时,这种意识更是在呼唤着有关地域文化设计的再次回归。设计师都在慢慢摸索着如何更好地将地域文化的特色融进国际性的室内设计方案,用这种方法可以直接改变因过于现代化给使用者带来的刻板印象。

二、目前我国在地域性室内设计领域遇到的问题

目前,在我国有的少数设计师因为受国际化思想的影响,盲目追求国外的设计手法,盲目运用外国的设计,把国外的那一套原样的照抄、照搬、照用,所以对于我国地域文化的创新,以及对于各个地域之间的各种文化的差异造成了严重的忽视,也间接导致我国设计出来的产品与西方人的设计非常相似。这些设计师的行为对于地域文化在我国的室内设计领域方面的应用以及后期发展产生了严重的阻碍,而且这使我国在整个设计行业领域出现了一种非常不好的风气。

地域文化在室内设计中运用的根本原因就是怎样才可以把有关地域文化的特点,在室内设计的过程中表现出来。在我国还有一部分设计师,由于他们本身在设计方面的专业知识以及能力非常有限、经验不足等一系列的原因,他们经常会简单地把有些中国化味道的元素或者符号,以及一些造型形式运用到设计之中,往往只注重设计的外在形式,而忽视我国真正具有的文化内涵。这样的设计思想严重影响我国在地域性的室内设计中的发展。

三、我国室内设计的发展方向

首先,需要对我国的地域文化进行适当的批判性。虽然说这种地域文化也许没有具体的形式,但可以通过恰当的载体在设计中表现出来,在我国的传统建筑中有关室内的陈设可以说是非常丰富的,同时还有着独特的韵味。在这些极富特色的古建筑中,它们所具有的所有室内陈设的风格以及特点,处处都彰显着我国上下五千年的文化积淀,它们经过了时间的考验,经久不衰,默默地在我们看不到的地方传承着悠久的历史文化。

20世纪80年代末期,在对北京胡同进行旧区的改造时,在设计上主要还是沿用了北京传统四合院的原生构造,然而这并不是说不做任何改变,把以前的东西搬过来,而是在原有构造的基础上进行了一些延展,以及一定的创新和再创造,不仅继承了我国独有的民族传统地域文化的内涵以及精华,还出现了一个"现代四合院"这个完全新鲜的建筑理念。在过去的很长时间里,我国的交通环境不是很好,所以这也就在无形中造成了各个地域之间的文化习俗有所不同,极具特色的地域性文化就形成了。因此,在进行有关地域性室内

设计的时候，地域特色以及当地的风土人情在设计中是必须要考虑到的，这样才可以真正地做到做出的设计具有地域性。进行有关地域文化的室内设计，不是简单地追求室内设计的地域性，就像如果只是强调本位主义，这样的设计往往会使室内设计的整体水平得不到真正的提升，甚至还会落后；如果只是追求国际化，而不是与自身的实际情况结合，是非常难表现出真正的民族特色的。在一定环境之下，两个矛盾的个体是有可能进行转换的，地域文化和整个国际大文化并不是绝对不相融的。所以这就要求设计师在进行设计时把我国独有的地域文化，看成是对现在这个国际化大趋势的一种完善或者补充，这样才能创造出更多独具地域特色同时又极具时代感的完美作品。

污染和资源的衰竭是现在全球面临的巨大问题，所以国际上一直都推广绿色、生态的环保理念。在21世纪的地域性室内设计中对于如何保持生态平衡、减少对于环境的污染以及后期的可持续性，可以说是全部都需要考虑的问题，如果在设计中有出现与绿色环保这一大理念相反的设计理念，必将会面临没有市场的风险。有关可持续发展这一理念，主要表现在，设计师在有关地域性室内设计材料的选择上，多选择一些天然或者没有害的设计材料，这样不仅绿色环保，还能用最原生态的样子给室内环境营造出一种返璞归真的美好环境，这样可以更好地在对环境进行保护的同时又非常好地符合地域性这一设计理念。而且，对于所有的设计师来说，都应该以一种可持续性的眼光去看待地域性文化的室内设计。

中国有着多种多样不同风格的地域文化，我们本国的设计师应该懂得怎样使我国现有的独特地域文化在最大限度上发挥出自己的优势，并且需要结合一些现代化的设计理念，以免与时代脱节，找到最适合中国地域性室内设计的一条发展之路，使具有中国本土特色的地域性室内设计得到大众的认可及肯定。

第十节 传统装饰元素在室内环境设计中的创新

在我国目前的室内设计工作中，传统的装饰元素扮演的角色越来越重要，所以必须充分研究传统装饰元素的特征，实现传统装饰元素和当代室内设计的有机结合，在继承传统元素的基础上进行创新，创造既有时代特色又有传统装饰元素的装饰风格。

伴随着经济的快速发展、生活节奏的不断加快，人们对于传统文化的认知更加深刻，在室内设计时，人们迫切期待融入一些传统的装饰元素，实现传统和现代的有机结合，丰富现代装饰元素。

一、我国传统装饰元素在室内环境设计中面临的挑战

随着经济全球化，国家与国家之间的交流越来越多，所以很多商业化的装饰和设计观

点进入国内，导致整个室内装饰风格杂乱无章，很容易受到外来文化的抨击，脱离了我国的传统装饰元素。

二、传统装饰元素在室内环境设计中的创新与研究

发扬民族形式的精意。改革开放以来，我国的室内环境设计取得了突飞猛进的发展，不过，如果仍使用过去的装饰元素，那么是很难满足现代人的室内环境设计装饰需求的。换句话说，如果只是追求古风室内环境装饰，就会导致相反的效果。所以，我们必须在应用传统装饰元素时遵循取其精华、去其糟粕的原则，吸收传统的装饰元素中可以和现代相融合的部分，发挥传统装饰元素的魅力。香山饭店的设计者贝聿铭先生就通过融合传统装饰元素来体现中国特色，在20世纪70年代，我国政府邀请贝聿铭先生来设计香山饭店，这一设计工作最难的问题就是在设计中融入中国传统装饰特色，他多次从美国回到北京来查阅资料，同时还去具有民族特色的建筑当地进行考察，在漫长的考察过程中寻找灵感。经过他的不懈努力，终于敲定建筑的基本风格——不规则院落，然后融合了很多传统装饰元素，体现了整个建筑和自然景观的融合。特别是凭借自己的艺术素养，贝聿铭先生使用了方和圆作为主要的装饰图案，实现了两者的有机结合，让整个香山饭店充满了生气，同时还不失厚重感。

借鉴传统装饰元素的神韵。随着整个社会的发展，艺术也在不断地向前发展，在进行装饰设计时，必须要考虑如何科学地继承，在继承的基础上进行创新，通过选择合适的传统装饰设计，然后按照目前的室内结构进行科学的融合，营造出中国风的室内设计风格。

中国传统装饰元素在现代装饰中的运用不断发展。从目前来看，如何在室内环境设计中融合传统的装饰元素是值得重视的问题。正如上面所提到的，一味地模仿只能形成"四不像"的室内环境设计。总体来说，必须传承传统民族风格，融合现代特色，这是目前的设计师必须追求的设计理念。举例来看，昆山宾馆的中国风特色就充分体现了吴中文化的特色内涵，改变了一大批设计师对中式设计只能在古建筑内有限使用的成见。除此之外，苏州图书馆把不锈钢和磨砂玻璃元素相结合，动中有静、静中有动，体现了传统建筑色彩搭配的多样性。在具体的应用过程中，一方面不能一味地模仿，另一方面还要有一定的观察能力，不断研究和现代室内空间设计相关联的传统装饰元素。

传统装饰元素与现代室内设计的完美结合。对于任何一个室内环境设计师来说，必须加大创新力度，实现传统装饰元素和现代室内空间设计的有机结合，发挥传统装饰元素的作用。近几年来，由于人们的生活质量越来越高，对于自己的居住环境也有了新的要求，通过室内环境设计和传统元素的有机结合可以实现室内环境设计理念的发展。这是一个相互影响的过程，一方面室内环境设计体现着传统的装饰元素，另一方面传统装饰元素也对室内环境设计风格产生作用。对于任何一个合格的设计师来说，都要实现两者的有机结合，和时代发展相适应。

我国的室内环境设计离不开传统装饰元素作为装扮，它在整个室内设计里扮演着重要的角色。在未来，这些传统装饰元素必然得到世界范围的青睐，应用范围更加广泛。一个优秀的设计师要在室内环境设计时承担起传承优秀传统文化的重任，和我国的基本国情相适应，在传承的过程中取得新的发展，加大创新力度，推动我国的传统装饰元素更好地和现代室内环境设计风格相适应。本节通过分析我国传统装饰元素在室内环境设计中面临的挑战，进一步分析了我国传统装饰元素在室内环境设计中的应用措施，为相关的室内环境设计人员提供了参考和借鉴。

第三章 现代室内风格设计创新研究

第一节 国内室内主要设计风格

在现代社会生活中,人们的幸福感、获得感都有了显著的提升,也从侧面印证了生活质量的提高。人们日益增长的对于美好生活向往的需求,以及日渐富足的条件,都使得房产领域一直处于较为温热的状态。无论是在外打拼的年轻人群,还是早已定居的人,都渴望打造一个舒适安逸美好的居家环境,抑或是重新改造原来的住所,使其"改头换面"。装修房子时就会产生如,"我该用哪种风格的室内设计对空间进行装饰""这样的风格是否适合我"这样的问题。本节基于以上问题展开浅析,论述关于中国现代室内设计的几种主要风格。

近年来,中国国内的室内装修设计趋势一直居高不下,仍处于稳定的增长阶段。所呈现出来的风格也是种类繁多(不外乎多种风格元素的结合所形成的混搭风格),是分门别类,按照设计风格内部的形式烦琐程度可以粗略地分为简约和烦冗复杂。按时代感来划分风格,又能归成复古风格与现当代风格,和时尚其实有异曲同工之妙,都会循环往复,只是相对而言的。因此无论是复古的还是现代的,这些风格在今天的空间设计领域中均有涉及。

一、中国传统古典风格

室内设计风格中首屈一指的,便是我国本土所特有的,经历了五千年历史传承演变发展后形成的中式风格。谈及中式风格,我们总会联想到明清时期的实木家具,在材料选择上多采用木材,诸如黄花木、价格昂贵的紫檀木、榆木等木材,室内色彩沉稳大气。常常用小品手法,如屏风、花隔、盆景可以体现中国风又能对氛围起到烘托点题的妙用。风格较为保守,营造出严肃华贵的气质,颇受老一辈的喜欢。

二、新中式风格

新中式在中式风格的基础上继往开来,是我国近些年来,室内装修风格中较为普遍且备受推崇的一种。它的风格特点是,传承发扬了中华上下五千年优秀的传统装饰风格,并且有目的、有选择地将一些有代表性的形式保留下来,然后融入一些现代元素,使其具有传统的影子，看起来典雅大方又不失现代的愉悦轻松之感。在氛围上旨在营造高端大气、古色古香、明快爽朗的氛围。其概念大致上可以概括为：将经典传统元素加以提炼和改善，使之丰富。一改中式风格沉重的色彩，转而采用明亮清新的颜色，同时也改变了原本中国古典风格中包含的等级观念，让新中式风格洋溢出焕然一新的气息，这在某种程度上来说符合时代发展更替的历史潮流，迎合了年青一代人的品位，可以用"删繁去奢，绘事后素"来形容。该风格适合各年龄阶层的人士。许多细节的打造，可以为整体的空间点题，不论是客厅及起居室里悬挂创作的雅致新中式画还是陈列精致的灯具和摆件，都能锦上添花。

三、日式风格

日式风格的室内设计与中式风格同属于东亚风格形式，受日本禅宗的影响，材料多为木质的，风格呈现效果是淡雅、宁静的，能够很好地消除人们的精神压力与负担，特别适合在快节奏中生存的都市青年，木质的家装代表着自然，让人感悟自然，返璞归真。其中能够很好表现日式风格的元素有：和风面料坐垫、榻榻米、日式摆件。在全是木质的环境中加入一点布料元素总会碰撞出不一样的火花，和风面料坐垫软化了空间格局，更是方便了人们的生活，让打造的环境更为舒适柔软。榻榻米的使用可以很有效地解决空间利用率不足、空间不够等问题，是一个多功能的工具。它既能作为卧室使用，同时能增加贮藏物品的空间，也可以作为一个娱乐的场所，供人日常娱乐。日式摆件，带有浓厚的日本本土印记，具有良好的装饰性和趣味性。

四、现代轻奢风格

现代轻奢风格与新中式有异曲同工之妙，两种风格都吸收并简化了之前的形式，借鉴吸收转而为己所用，形成自己独特的风格。轻奢风格也分为多种类型：美式风格、中式风格、东南亚风格。在很多人的印象中，现代轻奢装修风格是简洁的，与简约风格类似，但并不像一般的简约风格那样随意，看似简洁朴素的外表之下常常投射出一种非同凡响的高贵气质，这种气质也需要通过载体表达出来，最好的例子就是装修时在空间里融入线条元素，线条在材料上多为华贵的铜黄色和时尚大方的黑色，硬朗线条的使用不仅反映了现代人们对干练简洁生活状态的追求，更是契合了轻奢风格大气时尚、简洁干练的品质。

五、北欧风格

北欧风格，曾经在网络上风靡一时，成为许多人装修房子的首选风格。从字面意思上理解，该风格源自北欧地区，主要指挪威、冰岛、丹麦、瑞典等国的室内艺术设计风格，它的特点非常鲜明，可以概括为以下几点：空间色彩搭配上选用一种较为清新的颜色作为主色调，既可以是黑白灰三色，同样也可以采用一些雅致的颜色，都可以呈现出令人眼前一亮的效果。自然淳朴、简约而不简单。在形式上和日式风格一样以简洁著称，惯用木材为主要装修材料，木材本身代表的是柔软、自然，给人一种温馨舒适的感受，仿佛置身于自然界，很好地契合了北欧风格所要打造的风格定位。

关于室内设计的风格种类不胜枚举，纵观以上所分析的风格形式，不难看出：设计风格在发展延续过程中，也在不断地与其他风格进行交流、碰撞、融合，最后展现出焕然一新的面貌。此外，这种百花齐放的现象也表明，随着生活水平的逐步提升，人们在满足基本物质需求的基础上，更加注重生活内涵和生活品质，更多地目光投向艺术设计，这是大国文化自信和文化自觉的良好表现。

第二节　田园风格室内设计

随着现代生活节奏的加快，人们更加渴望能够回归自然，田园风格的室内设计风格也就由此孕育而生。从19世纪开始由欧洲传入中国沿海地区，在近二三十年内田园风格的家装开始大范围的风靡，由中国沿海地区广泛传播到内陆地区。

田园风格的定义既模糊也具体。模糊在于它并没有一个定性的定义；具体又在于从字面意思上就可以很明确而清晰地理解田园风格。就像是："水虽无形却有势，虽无向却有律。"田园风格是有它自己特有的规律和核心特征可追寻的。"田园风格"是指运用带有田园艺术和浓郁的乡村生活气息的元素为表现手段，以"回归自然，不精雕细琢"为主题，更加深刻而不拘泥于某种特定的表现形式，并且能够体现出人与自然环境和谐的联系，表现出悠闲舒适的生活方式。

田园风格这一词汇起源于哪里？它最初出现于20世纪中期，但是如果追溯其起源的话，我们不得不从其包含的领域开始谈起。田园风格包含的领域非常广泛，并不单单在室内装修这一领域有着独特的发展和广泛的传播，在其他领域也有着不容忽视的地位。在文学领域，早在我国唐朝时期，就有山水田园诗派，是以描写山水田园风格为主要内容的，像著名诗人陶渊明、王维、孟浩然等都是其代表人物。

而在室内设计领域的话，和其他的建筑风格一样，田园风格的产生和形成与人们的生活方式和所处的时代背景是息息相关的。田园风格在很早就已经开始出现了，因为田园的前身或者说是同义词——乡村。不论哪个国家都有乡村，不同民族不同国家的生活习惯和风俗文化的不同，田园风格的地区跨度非常大，所以田园风格的分类也是多种多样的。

一、中式田园风格

中国文化博大精深、源远流长，中式风格自成一体，中式田园为中式建筑风格的一部分。正因为如此，中式田园与其他的田园风格有着明显的区别，体现在中式田园的风格独特，特点明显，以接近大自然为主、丰收为基调，糅合了大量的中式装饰元素。

首先，在整体空间上，中式田园风格非常讲究层次上的韵律和节奏，把整体空间根据需要划分成不同的功能区域，以方便使用和起居。空间的划分往往会采用屏风、博古架、隔窗等中式特有的家具来做到空间上的隔断；不仅如此，还能达到视觉上的美化效果。还有就是利用天花造型来分割区域，中式田园经常使用木条相交成"田"字形作为天花。

其次，在细节的装饰纹样上，如今中式田园风格的装修采用的家具和花纹更多的是偏向于新中式风格。新中式风格不像传统中式风格随处可见雕刻繁复的龙、凤、牡丹纹样的宫廷花纹，相对来说新中式风格更为朴素、简洁、大气，也更加接近中式的乡村生活，更符合中式田园的题材。在装饰纹样上，依旧融合了传统的雕刻纹样和造型，如"回"字纹，但是新中式风格相比传统中式风格的装饰造型更简洁、素雅，体现出端庄典雅和对雅致生活的全新追求。中式田园风格更是沿用了中式建筑风格中常用的对称手法，不仅运用在装饰纹样上，更大量地用在家具、灯具的摆放上。

最后，在材质的选用上，中式田园风格除了采用大多数新中式家具都会选用的木质、瓷器、青砖、丝绸等这些具有代表性的纹理外，更是选用了带有许多中式田园独有的特色材质。中式田园风格的家具基本也采用木质，但是与普通中式家具爱用的深色涂漆木质不同的是中式田园风格的木质进行了洗白处理。洗白处理后的木质，颜色是优雅的黄色或白色，给室内整体的配色添一笔古典、自然的隽永感，给人以丰足的大地景象，这也是中式田园风格的一大特点。而且，中式田园风格也很着重体现细节上的装饰效果，如在座椅的脚部常常装饰着经过简化的弧线。

二、英式田园风格

英式田园风格是田园风格中重要的一大分支，也是田园风格中的典型代表。英式田园和所有的田园风格一样，倡导回归自然，享受大自然的生活情趣。但是英式田园也带有自己独特的英国中产阶级人群的稳重、务实的特点，这是因为在英国所占比重最大的中产阶级的人群在有着富足收入的情况下，能够有资本去按照自己的喜好来选择和装饰自己的生活环境，去追求那种朴实又不失高雅的生活氛围。

英式田园家具的特点在于使用纯手工工艺的雕刻技术，一般采用松木、桦木等木料，主色调是奶白色或者象牙白色等各种白色调，较少数会选用原木色。家具的主要材料会选用松木，加上纯手工的细致精美线条雕刻图案，用桦木等材料做出家具的框架，最后涂上白色调的漆釉。这使每一件英式田园风格的家具都带有低调、内敛且雅致的独特韵味，常有人把这种风格比作咖啡，越品越趋浓郁令人回味无穷。

除此之外，英式田园家具的另一大特点在于布艺。英式田园的布艺种类多种多样，色彩明亮、花色秀丽，布面图案多以各种碎花纹、条纹和苏格兰格子为永恒的主题。

英式田园风格整体的田园气息还来自随处可见的花卉植被，宽敞而明亮的开放式空间让阳光洒满室内，整体空间的色调清新而淡雅，营造出能使在外辛苦劳累了一整天的人们在自己的家里感受到舒畅和温馨的浪漫空间。

三、美式乡村风格

美式乡村风格带有浓浓的乡村田园风味，不论是厚重敦实的家具，还是回归自然色的棉麻布料，都透露出了舒适的味道。的确，享受可以说是美式乡村风格的中心思想。

美式乡村风格的整体色调为土褐石的大地色系列，它摒弃了各种华丽和烦琐，又融合了各个地域的不同建筑风格，最终形成了自己独特的怀旧、自由、闲适的风格。同样是选用松木做家具的主要材料，与英式田园风格不一样的是，美式乡村风格的家具很少有雕刻的花纹，一般刷单一颜色的漆，也有部分是裸露出木质的原始纹理，透露出美式乡村特有的粗犷的味道。

美式乡村风格的形成受多个民族文化的影响，融合了不同风格中的优秀元素。美式乡村风格偏爱带有历史气息的东西，不仅仅体现在家具摆放的艺术品和装饰品上，在材质用料的选择上也是如此。所以带有历史感的木头、仿古地砖和粗制纹理的岩石成了美式乡村风格的代表。而装饰品除了乡村风格常见的绿植外，还有颇具美式特色的摇椅、铁艺，墙纸是棉麻质地的。

四、法式田园风格

法式田园风格不同于美式乡村风格的粗犷，也不像是英式田园风格的沉稳感，整体感觉比较清新、明亮。这与它的颜色选用是密不可分的，法式田园风格大部分色调偏浅色系，肉粉色、月白色、青灰色等是它的惯用色。但法式田园风格有小部分选用较为大胆、绚丽的颜色相互碰撞，这种如沐春风的色彩，营造出了法式田园风格的明媚和柔美，宛如世外桃源。法式田园的装饰风格也体现了法国人特有的浪漫气质，在细节上精工细作，贵族风格，高贵典雅，让人不得不称赞它独特的美感。

五、南亚田园风格

南亚田园风格整体感觉粗犷，与美式田园风格的粗犷不同的是它显得随意而容易接受。其色调以棕褐色为主，此外也运用土黄、桃红、墨绿等艳丽的颜色。南亚田园风格的柚木材质光亮感强，绿色植被也常常是大阔叶形的，鲜艳的花卉、椰壳以及藤草，无不透露着异域的热带风情。南亚田园风格中色彩丰富的布料，虽有着抽象的自然图案和烦琐的横竖线条，但并不显缭乱，反而十分协调。

第三节　舒适简约的室内设计

从现代室内设计的材料应用角度分析，室内简约性、舒适性的设计，可以实现室内装潢设计搭配角度多元化，室内设计结构更完善，适应现代家居设计的市场需求；从现代室内设计的发展来看，室内设计舒适简约性发展，必然会带来设计资源结构的综合应用，实现我国室内设计与国际室内设计中的发展结构相互结合，为我国室内设计带来更有力的发展保障。简约化设计，是现代城市室内设计的主要趋势。本节对室内设计风格的分析，主要基于室内设计简约设计与舒适理念相融合，探索现代室内空间格局规划发展的新趋势，探索我国现代装饰的新趋势。

一、舒适简约的室内设计风格分析

卧室设计。室内设计中，卧室设计是其设计的主要部分，卧室设计主要追求设计的私密性和舒适性。简约性卧室设计，给予人身心极大的放松，有助于缓解疲劳，为人们提供良好的生活享受。简约舒适的室内设计，应用简单家具及棱角分明的装饰，构建一个完整的卧室环境。简约舒适的室内设计，并没有太多烦琐的家具结构，采用流动性线条以及生活必需品的简单搭配，构成了具有特色的卧室空间。实木家具、白光搭配等，使室内设计的整体结构更完整，卧室结构性在生活中发挥着调节作用。

舒适简约的卧室设计。在颜色搭配上，也以舒适色调作为卧室设计的主色调，从图中色彩分析来看，舒适简约室内设计主要运用米色、白色以及暗色调，在室内营造舒适、放松的视觉效果，将简约舒适室内设计风格变成现代室内设计的主要方向。另外，卧室设计简约舒适的设计风格，也融合灯光、简单室内装潢搭配等元素，增添卧室的空间感，但这种空间感是相对于整体室内设计而言的，设计师进行卧室搭配，必然会保留其私密性特征。装潢、室内空间结构、颜色以及灯光等简约元素的融合，带给人安静、自然且放松的空间感，为人们提供了更有力的设计新趋向。

客厅设计。客厅是室内布局中空间位置最大的设计部分。客厅一般位于房屋的中间部分，实现客厅设计的结构完善，充分应用其地理位置，为人们提供生活与娱乐的过渡。其一，客厅简约舒适的风格，突出客厅设计的主体部分，客厅空间大，摆放物品种类较多，为了避免视觉上的混乱感，必须进行简约性设计的合理性规整。其二，室内设计简约舒适的实现，也可以采用绿色植物作为舒适简约室内设计的构成元素，绿色植物可以增添室内空间的生机，为现代室内空间规划带来室内设计新规划。例如，常见的舒适简约的绿色植物有绿萝、滴水观音等，使室内客厅设计简约舒适风格性的优势凸显出来。

餐厅设计，主要用于满足家庭成员日常饮食的就餐需求，这部分的设计坚持简洁、自然，与室内设计的厨房连接为整体。简约性室内空间的设计，是省略室内设计冗长、烦琐的空间设计，但并不简化室内设计各个部分的设计需求，将其作为室内设计中发挥作用的主要部分，可以大胆在设计上增添相应的设计新元素。例如，颜色上的变化、餐桌设计形状上的变化以及室内设计资源的整合应用，凸显现代室内设计的整体空间感，起到增加使用者食欲的效果，现代室内设计简约而不简单。

书房设计。舒适简约的室内设计风格的体现，在室内书房设计上也具有代表性。基于其基本设计结构，舒适简约的室内设计风格主要保留装潢的原始部分，在设计上达到清新、自然的设计风格。书房设计中，整体设计的切分更自然，也更具有综合性，实现现代室内设计简单、自由、放松的理念。

二、舒适简约的室内设计风格的设计总结

基本设计原则。现代室内设计采用舒适、简约的设计风格，具有相应的设计原则，其中，简约性原则、经济性原则、实用性原则是主要代表。室内装潢的整体结构，实现现代室内空间应用最小化。注重保留室内空间的广阔性和延展性，巧妙地丢掉重叠、复杂的装饰部分，室内空间实用的基础上，也具有更自然、清新的设计，为现代室内空间设计带来新的设计灵感。同时，舒适简约的室内设计风格满足了现代城市生活设计需求，推进现代室内设计空间结构性更灵动，带来实际结构的拓展与优化。

设计特征。舒适简约的室内设计风格是现代室内设计追求的一种新型设计形式，结合现代室内设计的基本部分，对舒适简约的室内设计风格的基本特征进行分析。其一，搭配简洁。基于舒适简约的室内设计的实例，不难发现，简约室内设计的单配，更加注重实用性，同时又融合布艺等新型室内设计元素，使现代室内设计空间规划的结构划分更加明显。其二，原始性的保留。舒适简约的室内设计中，不论是墙体装饰部分还是家具摆设，都坚持保留其完整性的设计效果，颜色上主要以白色、米色等浅色系为主，实现家具设计视觉与实际的同步性发展。

舒适简约的室内设计风格是现代室内设计的主要风格之一，基于现代设计的基本发展趋势，对舒适简约的室内设计风格在实际中的应用进行应用探究，实现现代室内设计结构在实践中的创新性发展。

第四节 中式室内风格设计

在我国室内设计实践中，中式艺术设计风格得到了广泛采用。因此本节结合中式艺术风格特征，以及新中式艺术风格形成原因，开展了新中式室内设计风格研究。从艺术与技术两个层面，进行新中式室内装饰设计风格研究。

在建筑设计领域中，室内装饰对于提高居住环境质量起到了重要作用。随着我国建筑技术的不断发展，以及我国传统文化理念的应用，中式艺术风格已经成了当前室内设计的一种主要风格。在中式艺术风格的应用中，我们将传统中式风格与新型艺术、技术特点进行结合，形成了新中式室内风格。这一风格的形成，对我国室内设计艺术性与质量的提升，起到了重要作用。

一、中式室内设计风格主要特征分析

在这一研究中，我们首先需要对中式艺术风格的特征进行了解，进而对中式风格设计进行研究。在艺术研究中设计者将中式风格特征概括为以下三点。

文化特征。中国文化特征已经融入生活与艺术体系中，因此在室内设计中，中国传统文化特征有着较多的表现。在工作实践中，这些文化特征主要表现在以下几点：(1) 传统吉祥文化。在我国历史文化的图腾中，幸福、长寿等吉祥意义的文化特征极为明显。因此在室内设计中对于龙凤等吉祥图案的采用、老年人卧室中的寿桃等图案的采用，都是吉祥文化特征的一种体现。(2) 地方特色文化。我国的文化特征较为明显，而这些文化特征构成了整体的中国传统文化。因此在各地室内设计中，地方文化特征就显得极为明显。如在北京地区室内装饰中，设计者经常采用明黄色等色彩用于室内设计。(3) 经典传统文化。在我国文化传承中，古典传统文化是其重要的精髓内容，也是文化的主要表现形式。因此室内设计中，将传统经典文化因素引入设计理念，是当前室内设计中中式风格的一种展现。

形式特征。在室内设计中，中式传统的建筑布局形式特征是当前室内设计的一种主要艺术风格。(1) 传统建筑形式的借鉴。在新中式室内设计中，对于传统建筑形式的借鉴是经常采用的一种设计风格。如在设计中，经常借鉴传统的影壁形式，设计出室内影壁屏风。但是需要注意的是这种对传统建筑形式的借鉴，并不是一成不变的照搬，而是形式上的借鉴。(2) 布局形式的借鉴。在我国传统建筑中，对于建筑布局有着较为严格的要求。如建筑布局一般为对称布局、布局风格整体协调、布局风格整体统一等，都是传统布局的主要形式。因此在中式室内设计中，对于布局形式的借鉴也是中式风格设计的主要借鉴方式。

装饰特征。在中国传统建筑设计中，其室内装饰具有较为明显的特征。因此在中式室内装饰设计中，传统装饰特征也是设计者的重要参考因素。这种装饰特征主要包括以下几点:(1)中式艺术品的选用。在室内设计中,室内装饰品的选择是其重要的设计内容。因此在中式室内装饰中应采用具有中式文化特征的艺术品,实现整体化的中式风格设计。如在墙面装饰中,采用中国水墨字画进行装饰,就是中式室内装饰中的主要设计类型。(2)传统艺术元素的应用。在室内装饰过程中,设计者可以利用传统艺术元素作为室内装饰的主要风格,也是中式室内装饰艺术风格的一种表现形式。如在室内装饰中,利用传统的木雕、漆雕等艺术风格,充分显示其民族艺术特性,是中国艺术元素在中式室内装饰风格上的主要体现。

色彩特征。在中国传统文化中色彩特征极为明显,因此在中式室内设计中,这种色彩特征主要表现在以下几点:(1)纯色风格。在我国的传统艺术风格中,利用各类纯色(如纯红、黄、蓝等),用于艺术装饰的情况较为常见。因此在中式室内装饰中,纯色装饰风格得到了广泛采用。(2)专用色彩的应用。在中国传统文化环境中,部分色彩往往具有专用的文化属性。如黄色、紫色为皇家专用色彩,红色为喜庆色彩等。因此在中式风格室内设计中,设计者应根据使用者特点选择室内色彩。如喜房设计一般以红色为主,就是这一规律的主要体现。

二、当前新中式室内设计风格形成的主要原因

在当前的建筑室内设计中,新中式风格的形成使得设计者可以有更多的艺术选择余地。在实际的室内设计中,新中式风格的形成主要有以下几点原因。

现代艺术风格影响。随着社会生活与审美的不断发展,当今社会群体的艺术欣赏性已经有了较大的转变。因此室内设计中,传统艺术在现代艺术风格的影响下,形成了新中式艺术风格。这种风格在实际的室内设计中表现在以下几点:(1)现代艺术形式的应用。在新中式艺术风格发展过程中,现代艺术形式的应用占据着重要位置,因此室内设计者将两者进行结合,形成了新中式艺术风格。这种新艺术风格的形成,对于我国室内设计的艺术发展起到了重要作用。如将现代抽象艺术风格与传统文化艺术风格结合,就是新中式风格的一种体现。(2)新艺术材料的应用。在新中式艺术设计中,将新型材料应用到中式风格设计中,也是新中式室内艺术风格的主要体现。如在新的室内设计中,金属材料的应用极大地提高了中式风格艺术品的质感,其应用充实了新中式室内设计的艺术性。

新技术应用的影响。在新中式室内设计中,新技术的应用对其艺术风格的形成发挥了重要作用。这种新技术应用在设计实践中主要由以下几点组成:(1)新艺术设计技术。在室内装饰设计中,大量新型设计技术(如三维制图、数码制图等)的应用,极大地丰富了设计质量与效果。在这一技术的支持下,新中式风格得到了极大的补充。如将原有的平面设计图改为三维立体设计图,可以将设计图艺术性立体地展现出来,进而使设计者对设计图案进行立体了解,提高其整体设计质量。(2)新材料技术的应用。由于传统的中式艺术风格对材料有着严格要求。材料具有价格高、难加工等特征。因此设计者可以利用新型材

料，用于室内设计继而提高设计质量。如利用树脂材料代替传统石材用于室内设计，就是这种新材料技术应用的主要表现。

第五节　室内设计中地中海风格

　　文艺复兴前的西欧，家具艺术经过浩劫与长时期的萧条后，在9世纪至11世纪又重新兴起，并形成了独特的风格——地中海风格。地中海风格的过人之处，在于它表现的是全方位生活之美，它把品位延伸到了每一个角落，地中海风格家具以极具亲和力、田园风情及柔和色调、大气的组合搭配等特点，很快被地中海以外的大区域人群所接受。物产丰饶、长海岸线、建筑风格的多样化、日照强烈形成的风土人文，这些因素使得地中海具有自由奔放、色彩多样明亮的特点。

　　对于地中海来说，白色和蓝色是两个主打色，最好还要有造型别致的拱廊和细细小小的石砾。在打造地中海风格的家居时，配色很重要，要给人一种阳光而自然的感觉。主要的颜色来源是白色、蓝色、黄色、绿色以及土黄色和红褐色，这些都是来自大自然最纯朴的元素。

　　地中海风格在造型方面，一般选择流畅的线条，圆弧形就是很好的选择，它可以放在我们家居空间的每一个角落，一个圆弧形的拱门、一个流线型的门窗，都是地中海家装中的重要元素。并且地中海风格要求自然清新的效果，墙壁不需要精心地粉刷，让它自然地呈现一些凹凸和粗糙之感。电视背景墙无须精心装饰，一片马赛克墙砖的镶嵌就是很好的背景。

　　在为地中海风格的家居挑选家具时，最好是用一些比较低矮的家具，这样可以让视线更加的开阔，同时，家具的线条以柔和为主，可以选用一些圆形或是椭圆形的木质家具，与整个环境浑然一体；而窗帘、沙发套等布艺品，可以选择一些粗棉布，让整个家显得更加的古味十足；同时，在布艺的图案选择上，则选择一些素雅的图案，这样能更加凸显蓝白两色所营造出的和谐氛围。

　　绿色的盆栽是地中海不可或缺的一大元素，一些小巧可爱的盆栽让家里显得绿意盎然，就像在户外一般，而且绿色的植物也净化了空气，身处其中会倍感舒适。在一些角落里，我们也可以安放一两盆吊兰，或者是爬藤类的植物，它能够制造一大片的绿意。

　　在地中海的家居中，装饰是必不可少的一个元素，一些装饰品最好是以自然的元素为主，比如一个实用的藤桌、藤椅，或者是放在阳台上的吊兰，还可以加入一些红瓦和窑制品，带着一种古朴的味道，不要被各种流行元素所左右，这些小小的物件经过时光的洗刷历久弥新，带着岁月的记忆，反而有一种独特的风味。

一、地中海的设计要点

纯美色彩。地中海风格对中国城市家居的最大魅力来自其色彩组合：西班牙蔚蓝色的海岸与白色沙滩、希腊在碧海蓝天下的白色村庄、南意大利的金黄色向日葵花田、法国南部蓝紫色薰衣草、北非沙漠及岩石的红褐、土黄的浓厚色彩组合。由于光照足，所有颜色的饱和度很高，体现出色彩最绚烂的一面。

拱形浪漫空间。地中海风格的建筑特色是拱门与半拱门、马蹄状的门窗。建筑中的圆形拱门及回廊通常采用数个连接或以垂直交接的方式，在走动观赏中，出现延伸般的透视感。此外，家中的墙面处均可运用半穿凿或者全穿凿的方式来塑造室内的景中窗。

二、典型色彩搭配

（1）蓝与白：这是比较典型的地中海颜色搭配。西班牙、摩洛哥海岸延伸到地中海的东岸希腊。希腊的白色村庄与沙滩和碧海、蓝天连成一片。

（2）土黄及红褐：这是北非特有的沙漠、岩石、泥、沙等天然景观颜色，再辅以北非土生植物的深红、靛蓝，加上黄铜，带来一种大地般的浩瀚感觉。

（3）黄、蓝紫和绿：南意大利的向日葵、南法的薰衣草花田、金黄与蓝紫的花卉和绿叶相映，形成一种别有情调的色彩组合，十分具有自然的美感。

三、地中海的表现方式

拱形设计。家中的墙面处（只要不是承重墙），均可运用半穿凿或者全穿凿的方式来塑造室内的景中窗。这是地中海家居的一个情趣之处。

色彩纯美。地中海风格装修，在色彩搭配上具有很明显的特征，如西班牙蔚蓝色的海岸与白色沙滩、希腊的白色村庄在碧海蓝天下简直是一种梦幻、南意大利的向日葵花田流淌在阳光下的金黄、法国南部薰衣草飘来的蓝紫色香气，以及北非特有的沙漠及岩石等自然景观的红褐、土黄的浓厚色彩组合。

地中海的色彩确实太丰富了，并且由于光照足，所有颜色的饱和度也很高，体现出色彩最绚烂的一面。所以地中海的颜色特点就是无须造作，本色呈现。

线条随意。线条是构造形态的基础，因而在家居中是很重要的设计元素。地中海沿岸对于房屋或家具的线条不是直来直去的，显得比较随意自然，因而无论是家具还是建筑，都形成一种独特的造型；白墙的不经意涂抹修整的结果也形成一种特殊的不规则表面。

装饰方式独特。在构造了基本空间形态后，地中海风格的装饰手法也有很鲜明的特征。家具尽量采用低彩度、线条简单且修边浑圆的木质家具，地面则多铺赤陶或石板；在室内，窗帘、桌巾、沙发套、灯罩等均以低彩度色调和棉织品为主。素雅的细花条纹格子图案是其主要风格。

马赛克镶嵌、拼贴在地中海风格中算较为华丽的装饰,主要利用小石子、瓷砖、贝类、玻璃片、玻璃珠等素材,切割后再进行创意组合。

独特的锻打铁艺家具,也是地中海风格独特的美学产物。同时,地中海风格装修的家居非常注意绿化,爬藤类植物是常见的居家植物,小巧可爱的绿色盆栽也很常见。

地中海风格作为海洋风格装修的典型代表,因富有浓郁的地中海人文风情和地域特征而得名。地中海风格装修是最富有人文精神和艺术气质的装修风格之一。它通过空间设计上的连续的拱门、马蹄形窗等来体现空间的通透,用栈桥状露台、开放式房间功能分区体现开放性,通过一系列开放性和通透性的建筑装饰语言来表达地中海装修风格的自由精神内涵。同时,它通过取材天然的材料方案,来体现向往自然、亲近自然、感受自然的生活情趣,进而体现地中海风格的自然思想内涵。地中海风格装修还通过以海洋的蔚蓝色为基色调的颜色搭配方案、自然光线的巧妙运用、富有流线及梦幻色彩的线条等软装特点来表述其浪漫情怀。地中海风格装修大量采用宽松、舒适的家具来体现地中海风格装修的休闲体验。因此,自由、自然、浪漫、休闲是地中海风格装修的精髓,也会在未来的室内设计生活中越来越受人们的欢迎。

第六节　室内设计中的混搭风格

当今时代的进一步发展对人们的室内环境设计的影响越加深刻。本节着重探索并解析多元化的室内设计风格如何在一个空间内并存,提出传统和现代的元素之间的混搭、装饰材料的混搭、色彩的混搭、不同功能空间之间的混搭,突破以往的室内设计,营造更加和谐的室内环境。

说到"混搭",很多人会想到服装设计中的混搭时尚,而这种混搭的设计理念同时适用于室内设计。通过多种多样视觉元素的大胆混搭和使用,碰撞出新的灵感,为室内设计带来新的生命力。混搭风格其实是一种装饰手段,实现空间的个体化和新颖化,具有其他装饰风格所没有的兼容性。混搭风格设计成功的关键在于其"基调"的确定,以某种风格为主线,其他风格为点缀的设计思路,有主有次,最终达到整体环境的和谐感。

一、色彩的混搭设计

众所周知,色彩对于人的心理影响凸显在情绪和机能两方面,色彩能够表达感情,这是一个无可争辩的事实,所以运用色彩搭配达到混搭风格在室内空间的应用是一种常用的设计手法。在同一个空间中,单一的颜色对于人体的视觉影响力远不如多种色彩的冲击力,所以人们在装饰房子的时候都会竭尽全力,而这对于设计师的设计思路就尤为重要了。例如，装饰柜或电视背景墙等，如果想获得力度感，应该利用低明度的黑色、紫色、深蓝色来加强其硬度，同时也可以选择一个鲜艳的红色来调动整个空间的气氛；如果想制造一个富丽尊贵的室内环境，灰色和紫色是首选，但具有金属光泽的颜色也不可以忽视，传统的木色家具搭配鲜艳的软包装，将先进时尚感带入传统。利用色彩进行混搭风格的营造，使得自然形态与现代时尚更具有表现力。

二、不同功能空间之间的混搭

通过色彩、装饰材料，以及各类配饰之间的混搭，组成一个完整空间，同时各个空间之间同样可以进行混搭。通过实地考察，如今的市面上已经出现了空间混搭的案例，即将隐秘的卫生间中加入舒适的沙发和绒布帘，使得私密的空间和会谈空间混搭在一起。现阶段，人们对于室内设计师的要求绝不亚于其他任何一个职业，对于设计师来说，在这充满共性的设计世界中找到更多的创新点和突破点变得尤为重要，同时也要利于人们生存于此空间环境中。混搭风格的产生对人们对空间整体环境质量的要求越来越高，越来越具体，在多样化的背景下，它并不是各种风格的随意搭配，而是以某种风格为主、其他风格为辅的设计思路及方法，是多样的统一、对比的调和。

三、装饰材料的混搭设计

室内设计中必不可少的一个关键点就是其所涉及的材料，因为材料是人们造物活动的基础，也是构成室内空间的物质基础。因材料混搭设计而闻名的设计当属贝聿铭为法国巴黎拿破仑广场的卢浮宫所做的扩建设计，从当初的褒贬不一到如今征服了法国的设计，由此可见混搭风格设计的时代魅力。

材料与设计的紧密联系是设计的关键所在，就像瓦格纳所说的："未来建筑的命脉在于开发出一种新形式以适应新的材料而并非古典风格的重新演绎。"搭配出新的可能性和新的生命力，才是混搭风格的重要手段。

四、传统和现代设计元素的混搭风格

具有中国传统风格的戏剧脸谱、传统的木构建或竹质家具、大红灯笼等早已成为传统设计元素代表。无论在家居还是公共空间中，总能看到传统风格的应用，而玻璃、钢制品以及多种地毯或者多媒体影像等则是现代设计中必不可缺的元素，把这两种固有的模式设计要素混合在同一个空间中时，所带来的视觉冲击力是非常强大的，同时也非常受当今人们的喜爱。在丰富多彩的传统设计的基础上，将新时代的文化内涵赋予它新的生命和内涵，使之在室内设计中焕发新的视觉感受。

室内环境设计混搭风格的应用具有广泛空间，面对室内环境的各种需要，混搭风格表现出巨大的生命力和无限的活力，具体的风格表现因人而异，其主要表现在以下几个方面。

第一，研究混搭风格在居住环境中的应用使人们的生活环境得到优化，让人们更加清楚地了解混搭风格，使之更加具体化、系统化。第二，混搭风格继承了各类传统风格的装饰特点，洗去了其风格本身的单一性，在设计上更加追求空间变化的连续性和形体变化的层次感。如今，混搭风格正在室内设计中悄然兴起，并越发引人注目，设计师则更没有理由去拒绝探索设计创新的可能，哪怕是迈进一小步都值得为之欢欣鼓舞。所以混搭风格之所以受到人们的青睐，也是因为它所带来的不仅仅只是一种装饰风格，更是一种艺术史上的混搭应用，将混搭艺术推向新的高潮。

第四章 现代室内界面设计创新研究

第一节 平面语言与室内界面设计

一、平面与空间的视觉差异

平面是长、宽两个维度上的造型问题。室内界面设计中墙绘、墙纸等就是通过对二维界面的美化来改善空间。即便是时下流行的，绘制在界面上的三维立体画，也是局限在二维平面上，通过物体的大小、颜料的厚薄、颜色的冷暖等，给人们带来视觉上的空间感。空间相较于平面，多出了第三种维度，即高。它是通过界面等切实地在第三维度上产生了距离，从而改变和优化空间。室内界面设计中的墙体改造、墙面造型、镂空隔断等都是通过改变界面、界面间的空间关系，来优化整个室内空间。虽然平面与空间有维度上的差异，但是由于人的视网膜所接收的外界环境的视觉信息具有二维的特征，因此室内界面设计也要遵循平面构成的形式美法则，巧用平面语言来描绘空间之美。

二、室内空间中的界面认知

室内空间是由实体的界面围合而成的虚的形体。界面与界面之间不同的排列组合形式使得室内呈现不同的空间形态。离开了界面，空间则不复存在。室内空间中的界面包括顶面、侧面、底面。界面在空间中多以大的整面出现在人们的视野中，所以它在室内空间的风格营造中起到了主导作用。虽然由于承重等原因，室内界面的空间位置改动空间不大，但是在装饰方面仍大有文章可作。通过平面语言，重新定义室内界面是一种性价比高而且极具个性化的设计手法。

顶面由于层高的关系，是整个室内空间中人们几乎不触及的界面，正是因为这种距离，使得顶面的造型在富有变化的同时，尽量不妨碍人们的日常活动。在室内空间施工时，为了节省空间，便于后期维护，水管、中央空调等通常布置在空间的顶部。所以在美化空间时，如何隐藏和规整这些设备设施就成了顶面设计的第一环节。

侧面是人在室内空间中最易关注到的界面，所以通常室内界面设计的重点会出现在墙面和隔断中，如企业形象墙、电视背景墙、玄关隔断等。墙体最主要的功能是空间垂直方向的承重结构，同时具有围合和分隔空间的作用。侧面设计的造型不宜占用过多的空间，在需要占用空间时可结合使用功能来节省空间。虽然侧面造型的凹凸尺度不宜过大，但是为了丰富界面，可以适当地运用多种材质进行搭配。

地面作为空间的基面，它承载着室内空间中的一切物体，是人们接触最多的室内界面。因此在运用平面语言进行地面设计时，既要考虑视觉审美、注意材质的运用，还要避免给人的活动带来干扰和遮挡的造型。所以室内空间平铺木地板、地砖等比较常见。在划分功能区的时候，可以适当地运用抬高、下沉地面的方式突出重点。

三、室内界面中的平面设计语言

点。界面中的点包括界面上的点状图形、各界面的交点、面或体的角点、一个范围的中心点等。点通常起到强调和活跃空间的视觉效果，也可以聚焦视线，构成空间的中心。说到点在空间中的应用，"波点女王"草间弥生与 LV 的合作项目值得一提。为了配合合作推出的波点元素的新品，该品牌在英国伦敦推出了波点元素的概念店面。当点元素在整个室内空间蔓延的时候，艺术家独特的艺术气质和所持有的艺术理念得以淋漓尽致的呈现。纯粹的点元素，经过排列组合、疏密关系的变化，使得展台与展台、地面与隔断构造等形成了有机联系，产生了强大的视觉冲击力。

线。界面的线包括界面上的线形图案、界面的边缘、交接处的线脚等。由于线有长度，所以它本身具有延伸感，在空间中通常营造方向感和动态感。位于长沙的 Juicy 餐厅，各界面大量地采用水泥型瓦板，材质本身所具有的曲线、直线成了整个空间重要的视觉元素。

面。界面中的面包括各界面本身以及相交面。由于面是整个空间中面积相对最大的，所以有着点和线无法取代的视觉整体感，是空间中奠定风格和色调的主要媒介。法国艺术家 Olivier Ratsi 所做的声光装置艺术 Echolyse 项目对室内界面设计具有启发作用。该项目通过投影技术，让简单的面元素重新定义原本的室内空间。在一个固定角度，投射的形状呈规整的几何形态的面，看似是在同一平面上。但从其他角度看，完整的形被打破，边线随着空间的起伏产生变化，形成拉伸或扭曲过的面。这个时候会发现，原以为是一条直线的边线，实际上在不同的界面上，从而给人们带来了奇特的视觉体验。

图形。在空间营造时，为了体现更浓郁的风格属性，设计师通常会将极具代表性的图形元素运用在室内界面中。图形相较于文字信息更为通俗易懂，可以跨越国家、民族、语言的障碍。室内界面设计中图形的应用，大致可以分为三类：企业标志图形应用于企业形象墙界面的设计中，如 Kixeyed 的 LOGO——被放大成一只 2.3 米高、程式化的单眼独角兽，应用于其总部的形象墙上；与空间设计风格相符合的图形纹样，如中式空间中的回纹壁纸、祥云纹样的木质隔断等；具有导示性、功能性的图形标识，如公共空间的卫生间门上用于区分男女的图形。

色彩。色彩是平面语言中最具表现力、最直观的设计元素，是人们对一个空间的第一印象最主要的影响因素。面状的色块用于定主色调，线的颜色通常起到区分和丰富层次的作用，点的色彩则起到画龙点睛的点缀作用。通过颜色的差异，可以很好地区分不同的空间分区并打造视觉中心。Onefootball 是一款为全球球迷提供最新动向的手机 APP，其公司总部由 TKEZ Architects 建筑事务所设计而成。这个由旧厂房改造的室内空间被打造成一个足球主题的"公园"。绿色的跑道、绿色的形象墙、橙色的座椅为灰白主色调的空间带来了一抹轻松活泼的色彩，为工作人员提供了调节视觉疲劳的媒介。

文字。文字出现在室内空间中，通常分为可阅读文字和不可阅读文字两类。可阅读文字通常具有一定的功能性，用于传达准确的信息。不可阅读的文字，一般是强调文字的形式感，将文字作为视觉符号通过概括、夸张等方式提升空间的形式美感和趣味性。室内空间中可阅读的文字通常是出于导视系统的功能需求，常出现在形象墙和导视牌上。而不可阅读的文字，通常把字体作为一个图形符号应用于空间中，如夸张放大成不可识别的涂鸦式的墙体文字；字符作为单一元素，组合成一个不具备连贯性、可读性的图形样式。

四、平面语言在空间界面设计中应用案例

室内设计是将建筑设计所提供的室内空间进一步优化的过程，其目的是根据不同客户的具体需求，打造更为适用的室内空间。随着各学科之间交流的不断加深，学科与学科间的界限日渐淡化。平面与空间结合的模式，已然成了平面设计与室内设计领域的发展趋势。富有形式美感的平面语言，为室内空间注入了新的血液。新技术、新材料使得这些形式感有了更好、更新颖的诠释方式。

虽然国内室内设计行业不断发展但仍然不容乐观。常因为各专业之间缺乏良好的沟通，导致最终呈现的结果空间协调性不足，容易出现建筑师、室内设计师、景观设计师"三不管"的弊端。而且国内室内设计行业的门槛较低，很多从业的室内设计师，对于设计没有系统的学习经历，对于构成的相关理论的掌握程度和构成形式的训练远远不够。在进行设计工作时，常盲从时下流行的设计风格，过于注重装饰性，而忽略对空间实用性的设计；雷同的案例大量存在，缺乏创新。因此为了提升室内空间的设计感，室内设计师必须巩固构成基础，开拓设计思路，掌握更多的设计表现手法；加强与各相关专业的交流合作，从不同视角分析研究室内空间，得到最优的设计方案。

在室内空间中，灯具可以满足人们对于照度的功能性需求，但是人在心理上还是少不了对自然光照的需求。所以界面的透明化设计是有其实用价值的。设计师可结合功能性、美观性、舒适性的基本需求和客户的实际需求，拆除一部分分割空间的界面，也可以采用透明界面，如玻璃、薄纱等来丰富空间界面。透明界面既能给人带来视觉感官上的开放性，也具有功能上的封闭性。Nendo 事务所办公室设计的亮点就在于其用来分隔空间的界面设计。整个室内的空间分隔界面没有采用常规的轻质隔墙、门、窗等，而是采用实木隔板。界面中的门则由环保塑料隔音卷帘来满足其功能性，既隔音、透光，又保证了一定的私密

性。由 Haldane Martin 设计的新商铺展厅的设计亮点则是好似太阳光线的黄色线性装置，它在空间中形成一个透光的软性界面，既不阻隔视线和光线又起到了分隔空间的作用，这与设计师"晴天房子"的设计灵感相契合。

随着社会的发展，人们的审美需求在不断提升，壁画在运用于室内界面设计中时，有了更为丰富的形式。相较之前单一的绘制形式，由于新材料的运用，出现了手工画、手绘画、墙贴画、装饰画等多种形式。客户不再盲从固有的设计风格，有了更为个性化的视觉需求。这也推动了室内界面设计的发展，使之不仅仅局限于单一界面的孤立设计，越来越多个性化设计案例突破了界面的区分，通过平面语言融合成统一的连续性界面。以泽米克工作室设计的《艺术商店09》为例，该方案的设计师运用了单一的具有指向性的箭头图形，将顶面、侧面、底面统一成连续性的有机整体，而没有明显区分的独立界面。箭头图形作为视觉中的点元素，通过疏密变化，打造出既有美观性又因其指向性具有室内空间导向的功能性。

科技的不断创新和发展，为室内界面设计提供了更多的可能性。计算机辅助设计便于设计师打破常规，创造出超前的空间样式，同时能更为精确地完善设计方案，将设计误差降至最低，减少施工成本。Geometrix Design 设计公司设计的黑白卧室就运用了参数化设计，使得电视背景墙与储物架打破常规通过富有韵律美感的曲线木板连成一个整体。塞尔维亚的玛吉科咖啡馆运用了 REG LED(Red Green Blue Light Emitting Diode)，三色混光二极管面板，使得室内空间界面可以适时变换颜色。在顾客入店消费的过程中，富有美感的线条和精彩变换的颜色，可以带给客户强烈的视觉刺激。窗户的形状不再是规整的矩形而是富有变化的曲线围合形态。Die Baupiloten 事务所通过对空间结构进行改造，运用声学、光学、潜望镜原理等，为 Carl·Bolle 全日制学校打造了一个具有复杂光线和空间形式的室内空间。学校入口的界面，一面纯白，一面色彩斑斓，呈现出两种面貌。不仅如此，界面中还暗藏了压力感应，当人来到此处，内置压力感应会启动 MP3 播放器，从而发出美妙的音符，以此增强界面与人的互动性。

目前我国室内界面的设计方法比较单一，尤其是家装中的界面设计，常常局限于墙体改造、贴壁纸、石膏线收边等常规传统的装饰手法。本节通过分析有代表性的室内界面设计案例，探究了平面语言介入空间后，室内界面设计方法的丰富性，为室内设计师提供了更多的设计思路和表现形式，有利于进一步优化室内空间，提升空间品质，为人们提供更为优质的视觉体验。

第二节　形式美法则与室内界面设计

室内界面设计是室内设计的组成部分，虽然属于室内设计的范畴，却有着自身的独特性和功能性。设计师在实施室内界面设计时要借鉴和应用形式美法则，只有将形式美法则与界面设计有机结合，才能创造出更具审美情趣的室内空间。本节从室内界面设计与形式美法则入手，探讨室内界面设计中有关构成元素对形式美法则的表达与影响。

室内界面设计是专门服务于室内环境设计与研究的一门学科。其重要内容是以建筑物使用属性、周围环境以及使用者的基本要求为依据，结合建筑美学、室内设计原理等理论与方法，设计出集审美功能、实用功能为一体的室内界面，满足人们的审美需求和生活需求。其形式美法则是在人们探索、追求美的意蕴和品味过程中得到的审美共识，直至被应用于人的生存、生活空间以及所有的造型设计领域。

一、室内界面设计与形式美法则

室内界面设计。室内界面设计是一种基于建筑设计而高于建筑设计的二次设计，室内界面设计相对于建筑设计而言，对视觉、触觉有着更高的要求。设计师在设计时，一方面要考虑室内空间的艺术处理，另一方面还必须兼顾使用者的生理、心理和对功能的需求。设计师在室内界面设计中最应该关注的问题是在有限的设计范畴中将审美艺术和实用功能完美结合并表达出来，让室内界面充满着个性、品味和特色。

形式美法则：

（1）适度原则。"度"是万事万物都具有的原则之一，室内界面设计同样要求"适度"，这涉及两个方面的内容，即必须满足使用者的生理适度以及心理适度。

所谓的"生理适度"，是指在进行室内设计时要结合室内的体积、格局、尺度与使用者的人数、生活习惯等设计规范。"在室内设计中，从人体的尺寸、比例和活动范围的方式入手，经过测量，找出数据，确定适度的法则，然后制约于空间的高度、家具的尺寸、日用品的触感及各种功能要求，来实现审美主体人的生理适度美感。"其次才是"心理适度"。在室内界面满足生理适度之后，还应该考虑心理方面的适度，也就是要研究室内界面设计对使用者心理的作用与影响。为了满足生理适度与心理适度的要求，室内界面设计师要以适度原则为指导，仔细、认真进行方案的设计与调整，而最终获得室内界面设计的适度之美。

（2）调和与对比原则。"调和原则"是室内界面设计形成自我风格的重要手段之一，研究目前业界所能接受、认可的设计风格，基本上都是界面形态、家具配置和色彩处理等被一致调和而所呈现的效果，因此设计师在实施室内界面设计时必须严格遵守这些原则，以免造成使用者视觉上的凌乱与混乱。但值得提及的是，如果过分注意、强调以上因素，就有可能造成视觉的单调、乏味，经过这样的认真处理，"对比原则"便被凸显了出来。对比是差异性对视觉的冲击，是调和原则的对立面。对比也是室内设计师最常使用的设计表现手法。通过对比，可以对人的视觉感官造成强烈刺激，并影响其情绪的波动。在室内界面设计中应用对比原则是要将界面的造型、颜色、光线等通过设计使多层次的组合、排列重新受到建构，突出要点元素而形成对比的效果，一方面打破了调和原则所造成的单调乏味感，另一方面还可以借助调和原则的灵活应用，突出室内界面设计的中心与重点。

（3）对称与均衡原则。"对称"也就是"均齐"。对称一直都是室内设计的传统原则之一。在传统建筑中使用对称，可以给建筑营造出一种厚重、严谨的感觉。"均衡"则是相对于对称的一种原则。相比于对称图形的对称轴或者中心，均衡图形较为散射，只是重心比较稳定。均衡就是一种视觉平衡，即便是动态、变换也颇能让人感觉舒适，所以具有生机之美。

（4）节奏与韵律原则。"节奏"引人遐想、富有深意，视觉上的节奏主要依托于表现体的色彩以及形态的周期性变化而显现。如果将节奏看作是点与直线的排列，是一种铿锵作响的意象，那么"韵律"就是一种曲线美，是一种或狂野或宁静的意象。相对于节奏，韵律较为多样化，表现相同或者相近形态间存在着的一种恒定而有序的变换关系。将节奏与韵律原则结合使用，不仅可以增加室内设计的美感，同时还可以赋予设计以深刻的内涵，在变换之中实现整体的统一与和谐。

二、室内界面设计中构成元素对形式美法则的表达

"室内界面"是指室内空间环境中对空间的分割、限定的层面，天花板、地板、墙面和隔断等都属于室内界面的范畴。室内界面发展至今，因为设计手段与方法的灵活多变，以及始终没有形成固定的模式，所以相关的定义还有待完善。但从构成学的原理出发，基本上可以将这些设计手法归入点、线、面和体的艺术处理中。

点。"在室内设计中，作为视觉元素之一，点具有可视特征，如点光源、小五金配件等。相对而言，较小的形都可视为点形态。"相比其他，点可以轻易地吸引人的视线。对点的正确应用，可以在很大程度上实现室内环境的韵律与动态性。根据点在室内界面设计中的规律，可以将其分为两种，即单点应用与复点应用。首先是"单点应用"。点以单独体出现时，一般是静止的、向心的。在设计室内环境时，对单个点的使用，可以有效地打破室内界面平淡、单调的布局，借助单点装饰，增强室内界面的表现力。其次是"复点应用"。复点应用是单点的集合，通过点组成图形或图像。在室内界面设计中，复点的效果通常是以组合的形式呈现的。比如呈现出矩形状态的重复单点，就具有对称、韵律的特性。

线。在室内空间设计领域，长度大于宽度三倍的材料称之为"线"，如踢脚线。线由于特殊的长宽比，呈现出狭长状的形态。线在室内界面设计中特别常见：界面的边界、转折等处都会不同程度地出现线形态，如直线、曲线和不规则线条。直线在室内界面设计中最为常见，通过设计师的巧妙构思，将直线的形态和方向进行规划，使直线设计富有张力，如水平直线平稳、安定，而垂直线则是挺拔、有力。不规则线条与直线的设计效果截然不同，活泼、生动、轻快是不规则线条的表现特点之一。在设计中应用不规则线条，一方面可以避免直线设计带来的生硬；另一方面还可以借助不规则线条的表现特征，赋予室内空间以生机。在界面设计中，不同线条的应用会给室内空间带来不一样的视觉效果，但必须注意的是，在应用线元素时，一定要充分考虑线条的材质、色彩以及尺度等问题，以免界

面设计的失调、失衡。"对于小尺度的封闭空间，墙面用间隔小的线条进行划分，划分成若干个小面，或者选择小体量装饰物品和细纹理来布置设计，给人以宽大的空间感受；反之，大尺度封闭空间则用间隔大的线条划分，营造一种亲切的空间尺度感。"

面。在几何学上，面是线在同一平面上移动之后所包含的区域，这样的定义使面有长宽而无厚度。与点、线相比，面有强烈的幅度感。面是界面设计中被广泛应用的元素，墙面、地面、天花板都可以被视为"面"，面不仅装饰灵活并且富于变化。在界面设计中科学地应用面元素，是改变层面与空间关系以及丰富界面效果的重要手段之一。当然无论哪一种形式的面，都必须借助建筑装饰材料予以展现，而"对材料的运用，不仅要充分了解材料原有的肌理元素；同时，也要了解材料的加工性能及其创造的新肌理。界面使用的材料直接影响着空间视觉感，粗纹理朴实大方，细纹理轻巧细腻。而装饰材料的选用同样须遵循形式美法则，根据空间的实际情况来确定天然材料"。在应用面元素时，一定要注意方法，才能真正地赋予面元素以性格和内涵。面元素的主要表现方式是排列，以不同形式排列的面呈现的效果是不完全相同的，而排列有两种方式，其一是规则地排列，体现的是整齐与对称；其二是自由地排列，讲求天马行空与不拘一格，但自由排列也需要讲究视觉上的平衡，总之就是要在自由中追求和谐之美。

体。相对于二维空间的面，"体"主要存在于三维空间之中，体元素需要欣赏者从不同的角度观察、体味，然后将这些角度的视觉形象进行叠加，综合出自身对这一物体的感觉。在室内界面设计中，体的处理方法主要是"凹凸对比"或者是"错落对比"，比如立体灯具、凸起的天花板等。同时还可以利用界面的扭转，"一条线或二维的面，围绕一条三维轴线或一个点做规则的旋转，得到一个三维扭转的曲面。由于轴心的作用，使扭曲的面产生受力的视觉感受，具有一种向心性或方向透视感，加强了空间的凝聚力，增加了空间的动势"。

室内界面设计的对象是建筑室内环境，其设计效果直接关系着使用者的生理与心理感受，所以人文关怀理念便成了设计师在实施室内界面设计时必须遵守的原则之一，科学运用建筑美学原理，打造舒适宜居的室内环境，是室内界面设计的重要目标。

第三节　室内顶界面设计要点

室内界面是指围合空间的各个实体面，通常所指的三大面分别指顶界面（空间的顶部、平顶或吊顶）、侧界面（空间四周的墙、隔断、柱廊等）、底界面（空间的下部的楼地面）。室内界面是室内设计中的要点，是确定室内风格的重要元素，本节拟就室内顶界面设计要点进行简要总结。

一、顶界面的设计形式

顶界面的装饰设计首先要考虑顶界面的设计形式，总体来讲顶界面可以分为两类，一类是暴露结构式，另一类是吊顶类。

暴露结构式顶棚一般是指在原土建结构顶棚基础上加以修饰得到的顶棚形式，这类顶棚的主要设计手法有三种：第一种是顶棚大跨度结构体系，钢结构球形网架式，这类顶棚施工较为复杂，具有现代感，特别适合在一些大场合运用，如体育馆、商场等。第二种是暴露各种管线、设备，做一些简单的修饰，经济实用，体现工业美，如餐饮空间和设计公司等。第三种是木结构体系中的坡屋顶木做顶棚。

吊顶类顶棚的设计形式较为丰富一些，常用的有平顶式、灯井式、悬吊式、韵律式等。平顶式和灯井式顶棚是最常见的顶棚形式。平顶式构造单一、施工方便、简洁大方、整体感觉明快，适用于办公空间、教学空间等；而灯井式顶棚是指顶棚局部标高升高产生的顶棚形式，局部升高面常布置灯具，这种顶棚有一定的装饰性和空间分隔的作用，常用在家居空间、宾馆等需要一定装饰效果的场合；悬吊式顶棚指顶棚吊顶局部棚高降低的顶棚形式，可以起到划分空间的作用，如酒吧台上方局部吊顶降低限定出吧台的范围，或者常见的一些建筑沙盘上部空间采用悬吊式顶棚的形式；韵律式顶棚根据所呈现出的不同的韵律形式，可分为井格式、格栅式、散点式和悬浮式等。井格式顶棚主要是指建筑原有结构呈现出井字梁的结构而形成的韵律方式；而格栅式是指采用龙骨和木格栅或金属格栅片进行安装形成的吊顶形式，广泛应用于餐饮空间等有装饰要求的公共场合；而散点式和悬浮式主要是指一些大空间采用灯具或吊顶形式的有序排列形成的韵律方式，如人民大会堂的礼堂顶棚以五星灯为中心，周围纵横分布着500盏满天星灯，体现了"水天一色，浑然一体"的设计思想。

二、顶界面的材料选择

顶界面的材料可以分为维护材料和饰面材料两类。

常用的维护材料有纸面石膏板和木板材两类。石膏板是顶棚最常用的维护材料，具有防火性好、便于施工安装、质量轻、造价低等诸多优点。木板材常见的有纤维板、胶合板、细木工板等。纤维板是由木质纤维加压热压而成的，板材质量较差。胶合板是由实木单板、薄板贴胶热压而成的，根据胶合层数可以分为三合板、五合板、七合板等。这种板材较薄，而且具有一定的弯曲性能，所以常在顶棚做造型时采用。细木工板是在两片单板中间粘压拼接实木板而成的，其平整度好，板材质量也是最高的。但是，木板材与石膏板相比还有一些缺点，如防火性能差、质量较重等，目前已较少采用。

在安装好维护材料后，需要对吊顶进行修饰，将其做成饰面，常见的饰面材料有涂料类、裱糊类和板材类。涂料类是最常见的材料，轻钢龙骨纸面石膏板吊顶刮白罩白色乳胶漆是现在最常用的手法，将其直接做成饰面。乳胶漆具有造价低、施工方便等优点，被广泛采用。裱糊类主要是指贴壁纸，这种方法在壁面装修中运用较多，而在顶棚裱糊施工中运用则难度较大，一般适合小面积使用。板材类是指采用金属板或者木板材形成的顶棚形式，通常要结合木龙骨或者轻钢龙骨将其直接拼接安装在龙骨上形成饰面。

三、顶界面的施工技术

轻钢龙骨纸面石膏板吊顶施工技术。现在最常见的吊顶是轻钢龙骨、石膏板吊顶，按施工工艺的不同可分为暗龙骨吊顶和明龙骨吊顶。明龙骨吊顶和暗龙骨吊顶的施工步骤相近，明龙骨吊顶只是最后将面板搁于龙骨上或嵌插在龙骨上，暴露出骨架。这里重点介绍暗龙骨吊顶。

施工环境要求：

（1）施工前，应首先熟悉施工图纸，详细阅读设计说明，了解设计师想表达的设计意图。

（2）在充分熟悉图纸后，按设计师的要求对房间净空标高、洞口标高、吊顶内管道设备及支架标高进行交接检验。

（3）对吊顶内管道设备的安装及水管试压进行验收，对给水管道进行打压测试，电线要拿电板测试畅通合格，电线要始终高于给水管道。

对进场材料进行检验和复验：

（1）要对人造板材、胶粘剂的甲醛和苯的含量进行复验。

（2）对吊顶中的预埋件钢筋吊杆、型钢吊杆进行防锈处理，对木吊杆进行防火处理。

暗龙骨吊顶施工工艺。首先进行放线，找到吊点的位置，吊点间距为 900 mm ~ 1200 mm。用膨胀螺栓固定角钢，然后焊接吊杆，吊主龙骨。主龙骨要求从中间向两边分，间距 ≤ 1000 mm，平行于房间的长向布置，并按设计要求起拱，沿短跨的起拱高度为 1/200 ~ 1/300。主龙骨安装完毕进行次龙骨的安装，次龙骨间距一般控制为 600 mm（这符合石膏板的模数 1 200 mm × 2 400 mm），当吊顶荷载过大时，可控制为 300 mm。最后进行封面板，石膏板的长边一定要控制在此龙骨上，石膏板由中间向四周固定，这样可以使石膏板的应力均匀分散，避免扭曲变形。固定好面板后，板缝之间要进行补缝，然后粘贴上防裂绷带，打泥子找平，然后罩乳胶漆。

细部处理及吊顶常见问题：

（1）沿墙四周的龙骨称为边龙骨，L 形边龙骨要与主体结构固定，次龙骨搭在边龙骨上，再进行封石膏板。

（2）主龙骨长度过长（长度 >15 m）时要加大龙骨，大龙骨与主龙骨垂直焊接牢固，每隔 15 m 要加一道大龙骨，防止因主龙骨过长而发生变形。

（3）主龙骨在吊顶端部悬挑距离应 ≤ 300 mm，超过 300 mm 时会造成变形过大，否则应增加吊杆。

（4）施工完成后，如果在此龙骨板与板的接缝处出现大量开裂，要检查板与板之间是否未留缝隙。若整个吊顶出现均匀的弯曲变形，应检查是否未按设计要求起拱，或者吊杆的间距是否过大；如果石膏板固定后出现扭曲变形，应检查在固定石膏板时是否是由中间向四周固定。

轻钢龙骨铝扣板吊顶施工技术。人们经常用水的房间一般应采用防水吊顶，如铝塑板或铝扣板吊顶。铝扣板吊顶的施工方法与轻钢龙骨纸面石膏板吊顶有很多相似之处。

弹线。弹线方法与轻钢龙骨纸面石膏板相同，先弹出吊顶水平标高线，再弹出龙骨位置线和吊杆悬挂点。吊顶水平标高线一般指吊顶高度，安装吊顶一般是在墙砖铺贴完成后进行，所以水平砖缝可代替水平基准线向上反，水平标高线的位置是否准确直接关系吊顶的平整度和施工质量。龙骨和吊杆的位置线要直接弹到天花板上，龙骨的间距一般 ≤ 1000 mm，吊点的间距一般 ≤ 1200 mm。

吊点打孔和安装边龙骨。在吊杆悬挂点的位置进行打孔，吊点孔眼要钻垂直，深度要略长于膨胀螺栓。边龙骨的安装较为简单，在龙骨和墙面上抹胶粘贴即可，胶应干透再粘，并轻轻敲打保证安装牢固。

安装吊杆和主龙骨。吊杆下料前，要量一下天花板到边龙骨的距离，以此距离定为下料尺寸。吊杆固定应旋转膨胀螺栓使之胀开，做到稳固且垂直。吊杆固定牢固后，首先安装好主龙骨的吊挂件，然后再将主龙骨与吊挂件进行连接固定。拧紧吊挂件上的螺丝，使之稳固。

安装三角龙骨。采用与三角龙骨配套的连接件与主龙骨固定，然后将三角龙骨卡在与之配套的连接件上。

安装铝扣板。安装铝扣板时，在装配面积的中间位置垂直于次龙骨方向拉一条基准线，对齐基准线由中间向两边安装。安装时需轻拿轻放，必须顺着翻边部位的顺序将方板两边轻压，卡进龙骨后再推紧。另外，要留好灯具的位置，最后安装灯具。

铝扣板板面清理。铝扣板安装完成后，需用抹布把板面擦洗干净，不得有污物及手印等。也可采用密封胶封边角处，起到加固和防水的作用。

室内顶界面是室内三大界面之一，顶界面设计的好坏对于整个房间的设计风格和空间划分能起到重要作用。以上是笔者对室内顶界面设计形式和施工做法的一些总结，相信随着装饰材料的不断更新和装饰工艺的不断改进，顶界面的装饰形式也将发生日新月异的变化。

第四节　公共空间室内界面模糊化的设计

公共空间室内界面的丰富设计手法的运用，在各类公共空间效果塑造中起着重要作用，公共空间室内界面模糊化的设计手法运用，更是为室内设计效果增添了丰富生动的各种可能性。模糊化界面的设计效果影响着人们的物质和文化生活以及生活方式，它反映了人们的爱好和社会时代背景。在室内界面模糊化的设计中，可运用当代丰富的设计手法来实现，比如对室内模糊化界面的形体、颜色、材质肌理、图形、照明、家具等因素的合理运用，可以塑造出独特的公共空间效果。同时，这些丰富的设计手法，更能增加空间中人们的互动关系，使空间充满灵动感，并赋予空间美好的情感。

一、几何形体、自由形态的灵活运用

几何学是各领域艺术家在作品创造中的最基本技能和手段，比如在绘画作品中，擅长运用几何图形的是由立体画派衍生而来的几何抽象画派，代表人物是著名画家彼埃·蒙德里安。几何形体的造型设计手法颇受造型艺术家青睐，不仅仅是在绘画艺术中，在公共空间设计中也可以常常看到几何图形的运用。在公共空间室内中的运用，就不仅仅局限于二维的几何图形，还可以表现为几何形体。在几何形体设计中，最基本的构成造型是块，块主要有球体、圆柱体、方柱体、圆锥体、方椎体等形体。在公共空间室内界面设计中，这些几何形体可以运用单体、多个几何形态组合、减缺等营造不同的视觉效果。在室内设计的实际案例中，可以找到大量几何形体的运用。

几何形体在公共空间室内界面模糊化设计中，运用最为频繁的是立方体、三角体和柱体，这几种几何形体在进行重新组合时，施工最为方便，并且在公共空间室内中具有较强的可操作性，这些几何形体的单体、组合、变形，可使形态效果百般变化。在实际方案中，大量的案例都运用了夸张的几何形体构成，可以使空间产生美的感受，满足人们新的审美需求，并强化了空间效果。

几何形体适用于各类公共空间设计，也给公共空间带来不同的空间体验。室内设计的最终目的，大多是为了室内的主要人群在活动中能够满足审美要求，使人们视觉上有美的享受。几何形体在室内界面中的夸张运用，可以使人们在空间中一步一景，更换角度就会有更多的形体视觉效果和新的感受。虽然几何形体设计手法在公共空间室内中的运用，会给空间产生难以利用的死角，但是我们只要精心设计，把这些空间合理地利用起来，也会给空间效果加分，并且会使空间设计效果更丰富，更具有新颖、个性特点。

自由形态中的自由曲面，比平整的面具有更强承受外力的能力，并且曲面形态较新颖，成为现代室内设计风格特征的代表。自由形态的形式更加多样化，在室内运用通常给人的感觉是自由优美、随意自然、动态活泼、淳朴亲切。它像雕塑一样创造着空间的曲线，使整个空间的地面、墙面和顶面无痕地连接在一起，形成空间的流线有机形态，同时这样的空间更具运动感和流动性。这种设计手法争相被设计师运用在室内界面设计中，营造各种开放的、多样化的室内界面形态效果。这种新的设计语言，在公共空间室内界面模糊化设计中展现其独特的艺术魅力。在很多优秀的室内作品中，都体现着人们对自由形态空间的感受和再创造。

二、色彩图形元素的视觉传达

色彩图形元素在公共空间中给人较强的第一印象，也是吸引人们注意和记忆的主要手段之一。在视觉传达中，起到主要的作用，同时不受时空、地域和民族文化的限制，具有国际性。在大量的国内外优秀室内设计作品的分析中，可以看到色彩图形元素在公共空间室内界面模糊化设计中有着重要的作用，它善于调和人们在公共空间室内中的各类矛盾和心理效应，有着其他空间设计要素难以替代的重要作用。

在公共空间室内界面模糊化设计中，它可以较为直接和有效地反映人们在空间中的感情需求。室内界面的模糊化处理中的色彩图形设计，通常是利用平面设计中的设计语言，表现在四维的空间艺术中。色彩的呼应、图案的延伸等多种方式，对室内界面做出虚化、界限弱化处理，并在空间中强调统一的设计理念。色彩图形元素在空间表达界面模糊化时，按照色彩图案在空间中的面积比例来分，可分为色彩图形在空间局部运用和整个空间中的运用两类。将室内界面运用整体的色彩和图形高度统一化的处理，使公共空间界面呈现模糊的状态，是公共空间室内界面模糊化设计中常用的手法，我们不难找到这种手法在模糊化界面设计中运用的优秀案例。

色彩图形设计运用在整体公共空间，将给空间带来更强的视觉冲击力。平面设计中的色彩图形图案在室内设计中运用，并不新鲜，但大部分仅仅是为了烘托公共空间室内的某种氛围，并没有把平面设计转化为空间立体设计，来体现空间感。

在公共空间室内界面模糊化设计中，为了增加空间的新奇、趣味性，大多会用到图形设计手法。在公共空间设计中，结合功能分区和家具设计，将令人惊奇的设计展现在立体空间中，并加入色彩处理，将界面和界面之间、界面与家具之间连接起来，表达某种空间独特新奇的空间主题，并给人们带来全新的视觉体验。

室内设计发展到当代，瓦解了室内与界面的主从关系，室内界面有了更多更独立的发展空间。界面设计手法，从二维的连续，发展到有技术支撑的三维连续性设计，人们通过拓扑原理和计算机立体效果辅助技术等手段，能够完成造型特异的三维变形界面设计。多样化的界面形式的出现，使公共空间室内中出现了大量形态复杂的空间设计。

第五节　室内空间竖向界面的适老化设计

本节针对中国老龄化加速的国情，结合"竖向界面"的内涵和特征，分析老年人所处的室内空间环境，从生理和心理角度出发探讨室内空间"竖向界面"的适老化设计具体措施。

随着我国平均预期寿命的提高，老龄化程度加剧，高龄者已经成为我国较庞大的人口组成。据统计，到 2050 年，中国每四个人中就有一个是老年人。研究室内空间"竖向界面"的适老化设计，为老年人创造一个舒适、安全、易达、具有亲情的生活空间，对社会的稳定、国家财政节约、减轻年轻人负担等方面都有深远意义。

一、室内空间的现状特点

调查结果显示，大批 20 世纪 80 年代——90 年代的砖混结构建筑，承重墙较多，墙体不能随意拆除改进，格局呆板，空间布局单一，功能混杂，很少考虑到老年人的使用需求。而近年来新开发的项目片面追求立面的新奇和风格的彰显，忽略了室内空间的适老化设计，不能满足人们随着年龄变化对室内环境的可变性要求。

根据适老化和可持续设计的原则，我们应重视室内空间的"竖向界面"设计。

二、竖向界面的概念

竖向界面包含墙、门、窗、屏风、遮帘、家具等竖直方向上的各种建筑构件，是我们限定空间的基本部件，它具有分隔、围合、展示和承重等多重功能，可用来控制房间的大小及形状，限制人们的行为，并在视觉和听觉上营造围护感和私密性。此外，竖向界面的形式表征及组合方式还能为空间注入情感，带给人不同的心理感受。因此，在进行适老化室内设计时，除了满足使用功能和通行要求以外，还需要重视竖向界面的适老化设计，满足老年人的情感需求。

三、室内空间竖向界面的适老化设计

感知性。人通过听、闻、看、触等方式得到对竖向界面的不同感知，不同的感知令我们对环境的评价和判断也会不尽相同。老年人对于居室内的光照度及舒适性的要求较高，但身体机能减退，感知能力减弱，为了提高老年人的感知能力，营造适宜的室内的光环境，让老年人更多地享受到自然光非常重要。竖向界面借助玻璃或镜面等一些具有反射功能的材料到将室外光线引向室内深处，丰富和扩大心理空间，使各个空间能够在视线上互相照应，方便老年人透过镜面观察到周边的情况，相互察觉到对方，带来心理上的安全感。

遮挡与暗示。凯文·林奇在《总体设计》一书中说道："空间可由不透明的障碍物去封闭，也可由半透明的或间断的墙面加以封闭。空间限定物与其说是视觉的终止，不如看作视觉的暗示、想象的延伸。"特定形式的竖向界面营造出充满联想，产生精神的共鸣的室内空间有助于延缓老年人记忆力的减退。例如，在墙上设置孔洞在形成丰富光影效果的同时，也可以唤起老人对往昔的回忆，产生心灵的共鸣，这种内在的情感产生使得空间具有深刻意义。

联系与分隔。老年人身体机能下降，创造通达的空间，合理地规划行走路线，加强不同空间的视觉联系成为设计的重点。我们可以通过在不同空间的竖向界面开窗口或者开门洞的方式来达到。例如，在厨房的竖向界面上开设窗口，方便食物传递到餐桌，加强起居室、厨房与餐厅之间的视觉联系。还可以在卫生间与卧室及公共活动空间设计"洄游"路线使得空间更加通达，缩短老人的行走路线，避免老人在起夜如厕时穿过较多的空间而着凉。

过渡与渗透。随着年龄的增长，老年人收藏的物品越来越多，这些物品往往饱含着他们对往昔的回忆，然而，物品的堆积容易造成室内的凌乱和空间使用的不便，因此，我们在进行室内设计时应尽可能避免用实体墙来分隔空间，而是依据老人的需求，采用灵活多样的竖向界面对空间进行分隔，如利用活动的推拉门、可移动或可拆卸式墙体、收放自如的屏风、可移动的柜子、遮帘等具有分隔空间、遮挡视线、增强私密性的载体，将不同的空间进行功能弹性转变，使相邻空间得以互相渗透，集围闭和开敞的优势于一体。

此外，竖向界面还可以利用植物、水体等来划分空间，集装饰和环境过渡于一体。这种设计方式不仅能使造型、色彩、光线以相互透叠的方式产生特殊效果，还可以使空间变得丰富和充满情感，使老年人身处大空间范围能感受到极具自然气息的虚拟小空间的存在，调节心情。

目前我国室内空间的可持续设计和适老化改造相对比较落后，在老龄化程度不断加剧的今天，优化室内空间的竖向界面，塑造人性化空间，节约不必要的浪费，这是对室内空间进行整合和适老化改造的积极措施，也是提高老年人的生活质量、共建和谐社会的必然要求。

第六节 "界面"中探寻建筑与室内设计

空间的意义在于营建供人们使用的功能性场所，界面的围合构成了空间形成的物质基础。作为空间形成的重要手段，界面是产生空间功效的主要元素。从空间形态角度出发，界面属于建筑学的范畴，在建筑设计中界面的样式产生了空间的第一样态。当进入室内设计领域之后，界面所产生的空间感觉及这种感觉的深层次营造，构成了室内设计的核心。界面的空间效果取决于界面层次的构建方式与限定方法，这既表现在历史与现代建筑空间形成上的差异，也从室内空间的营造上，对建筑设计进行了新的形式意义表述。

一、界面的物性

赫伯特·亚历山大·西蒙（Herbert. Alexanders. Simon）指出，设计是把人工建造的内部环境与自然形成的外部环境接合的学科，这种结合是围绕人来进行的。所以，设计的目的是建造环境之间的隔离，界面则作为设计对象的"物"，既营造了人们需要的环境，又对空间的使用主体"人"达成了服务的目的。界面包含着实体、信息及环境的综合，本身不仅有使用上的功能性，还包含形式问题，传递着文化的思考与隐喻以及科学的认知。

界面是形成室内空间的基本要素，虽然界面的研究应超出"物"的表象，但是分析界面的物性是界面研究的前提。按人机工程学的定义，"界面"为二物的分界面、两空间的交叉（联系）点。界面的存在决定了空间与空间之间的信息的交换，甚至可以说只要存在着人与空间、空间与空间的信息交换的一切领域都属于界面的范畴。

对于室内设计而言，界面关注的重点是界面本身及其空间限定的程度和人的行为、心理的关系，二者之间的关系实际上就是处于空间中主体地位的人和环境之间的信息交流所使用的方式与方法的问题。由于建造原因，传统的界面主要表现在表皮的层次，是室内墙体面层的附加，有极强的美术学意义，从而强调艺术性。因为界面的复杂性和意义的广泛性，室内设计中的界面至今为止尚未能提出一个公认的、明确的概念。想要全面了解界面就必须对界面的内容、性质以及分类和组成进行分析和论证。

对于建筑设计而言，室内空间分隔与围合的目的是确定空间的独立和相对位置，界面涉及了空间围合的形式与方法。从最早的实体构筑，到现代的流动与交融，分隔的材料在变化，形式也在不断地更新。现代的界面则增加了更多的因素，如光、地面与天棚的凸起或降落等，更有空间性与参与性。同时，界面形成的环境性与空间性，使得人与界面产生了更多的信息交流。

对于室内设计和建筑设计共同的宠儿，"界面"已不仅是一个简单的面，还是"两空间之间的那层东西"，包含了更加丰富的内涵。

界面的形成目的是分割空间，界面对于空间的形成是双生的，它同时服务于两个空间。当两个被分割的空间功能、性质相同或相近时，这个界面在各自生成的空间中所传递的信息就类似；当两个被分割的空间功能、性质相同或不同时，界面传达给人的信息就存在着多样性。没有空间，界面无所依存；离开了界面的空间也根本不能存在。

二、界面的限定与组构

与建筑的外墙截然不同，界面的特殊性表现在界面层次的不同。室内由多个空间组成，界面伴随空间的形成而产生，每个空间都有自己的界面。界面的分隔关系根据空间的性质必然反映出各异的角色，无论按照流线的时序还是空间的关系，界面都将产生位置的前后、远近关系，形成界面的空间层次。所以，界面的层次性反映的是空间和界面的序列关系、主从关系、渐进的层次关系。确定不同元素界面的归属、同种界面的形成、多个界面或场所的组成、界面表达意义的差别等，表述的是界面的层次性。空间的布局要层次分明，在渐进的空间变化中来体现层次性。它们共同作用形成具有相同性质的一个整体意义上的界面，表达空间意义。

界面的形成离不开界面的限定要素。一般情况下，界面是通过具体的有形物形成的，但有时形成界面的要素会是一些只能感觉到或看到而无法触及的东西，如光线对界面的限定,就脱离了常规意义上的具体物的形体方式。因此,界面的组构要素可分为有形实体要素和无形虚体要素两类。

有型的实体要素指界定的要素本身是有质量的实体,在相当长的一段时间内有具体的形体、恒定的位置,是常见的一般性界面限定构成方式。在室内空间中主要的界定因素有墙体、楼板、幕墙等结构与构筑要素,也有帷幕、花坛、树木、台阶等陈设与装饰要素。无形虚体要素指界定要素本身没有质量的虚体,形体和位置会随着外界某些因素的变化而发生改变。多存在于一些特殊空间中,是创造独特空间感受时所运用的特殊手法。如通过空间距离的远近、光影的变化等方法进行空间的限定就属于此类。在建筑空间中大多数情况下实体要素出现的频率比虚体要素出现的频率要高得多,并且实体要素对人行为的影响比虚体要素要大得多。

界面的组构要素可按其存在特性,分为固定性、半固定性和非固定性三种。

固定特征因素指固定的,或变化很少、缓慢的因素。建筑的墙体、地面、楼板都属于这一范围,是构成空间的重要物质因素。它们的面积、位置、顺序等表现了空间的基本属性。固定特征因素的固定性决定了作为空间界面的第一特征,是空间界面轮廓的主要承载体,是最具功能和空间意义的层面,包含最基本的界面意义。

界面的半固定特征因素,就室内空间而言主要包括各类室内家具、陈设品、窗帘布幔、活动灯具、挂件与艺术品、室内景观设施、橱窗陈设等,这些室内空间中到处可见的物品能够相当迅速且很容易地加以改变。它们在固定特征因素形成的空间结构基础上,常常对空间进行再次的结构划分,丰富了空间的内容,增加了界面的层次性。正因为半固定特征因素形式多样,位置、顺序易变的特征,才使得半固定特征因素要比固定特征因素更多地与人取得联系。

非固定特征因素指环境的主体——人,也即空间场所的使用者。人在空间环境中的各种状态,所在空间的位置、从事活动的方式和内容与固定和半固定特征因素的关系是动态的、变化的。"人"是一类特殊的界面形式,人和人之间、人和物之间的界定的范围、大小以及界面存在的具体位置,构成了室内界面的特殊组构层次。所以非固定性因素是空间中最复杂的界面因素,作为空间界面的设计对象,对人的行为与心理研究不仅构成了设计的目的,也是界面设计的本身。

三、空间中的界面生成因素

按照各种实体要素在空间中排布方式的不同,可以把界面的形成方式分为三类:点的形式、线的形式和面的形式。

点的形式是界面的一种最基本的构成方式,其特点是界面要素处于空间的中央,由它而产生的空间或者说是场所是发散形的,是由中心向四周的。点的形式的界面元素往往随机地、无规律地排列,所界定出的空间具有朴素、简明和不渗透特性,具有建筑空间最基本的意义。点的界面具有自身的独立性，多数情况下表现为某种体量，如一个柱子、一把椅子、一个悬挂体，它们在环境中所形成的界面形式都可以被看作是点的形式，对形成室内空间的特殊视觉效果能起到重要的作用，但必须在一定范围内维持点的唯一性。

线的形式指一系列相同的或者不同的元素按照一定的规律排列所形成的一种界面形式。其特点在于各界面要素之间按照一定的间隔进行布置。线性空间界面具有较强的韵律感，一般出现在几何规则明确的空间体量中。由于线形序列具有较强的视觉效果，在空间中多起到主体背景效果，容易产生视觉记忆，在空间的分割以及有意识地引导人流活动方面都有较强作用，所以在交通系统中的定位与定向上多被使用。线的形式所构成的界面具有较强的装饰性，由于所产生的理性的秩序感，能够表现出强烈的工业效果，在现代的装饰中多被采用，成为空间的界面形成中的主要方法。大型室内空间以及人流较多的聚集场所等地方，这种界面的处理方式比较常见。线的形式的元素大多数情况下是同种元素，有时候也会出现不同种元素排列的情况，两者所产生的空间效果有很大的差别。

面的形式由点和线的形式组合而成，其特点是所包含的要素的数量或种类较多，所界定的空间也较大。或者面的界面从某种意义上来说本身就构成了一个空间，这个空间执行着分割它周边空间的功能，在这个空间的边界区域同样也存在着限定它的点元素或线元素。因而，无论这些元素或其他元素是否在空间的中央同时出现，任何一个面形式都可以进行拆分，最终把它还原成点或线的形式。

界面的建构是关联建筑与室内的中间环节，也是形成空间形式的主要方面。从界面入手，对建筑与室内的关联性做形式与手法的解释，对于建筑设计与室内设计的关系具有十分重要的意义。综上所述，研究建筑与室内的关系，必须研究界面；研究界面，是研究建筑与室内关系的主体。

第七节　室内空间中的实体界面表达

在室内装饰业中，主要通过各种手段对室内各个实体进行美化，从而达到室内环境整体的协调性、美观性，符合其建筑性质，满足其使用要求。而室内各个实体又可分解为一个个的界面，本节主要探索室内设计者如何完成在室内空间中的实体界面表达。

室内空间指的是建筑物的内部空间，建筑物因其使用功能不同，内部空间也各具特色。在教室中有宣传墙、黑板、讲台等，在电影院中有大屏幕、座椅等，总之，建筑物因其内部组成元素所含实体的不同而熠熠生辉，发挥其独特的价值，因此室内设计显得尤为重要。不同的场景下我们所追求的设计目标也是不一样的，通俗来讲，室内设计也就是对室内所含各个实体的单体设计，最后再加以整合协调，使整个室内空间形成一个整体，发挥其功能。而室内实体又可分解为一个个的界面，但是这并不是说实体就是由界面简单的围合而成，室内实体与其组成界面之间可以说是一种相互影响相互制约的关系，这就使得室内设计者在应用平面设计理论对待实体界面时，必须努力寻求一种恰当的设计手法，使得界面表达在室内空间设计中更好地扮演自己的角色，从而对室内设计起到直接的指导作用。

界面表达在室内空间设计中主要扮演着这样两种角色，一是室内表达作为室内空间设计的主体而存在，二是室内表达作为室内空间设计的补充而存在。下面主要就界面表达所扮演的两种角色展开具体的阐述。

一、界面表达作为室内空间设计的主体

室内空间设计即对室内实体的设计，而室内实体又是由实体界面围合而成的，因此可以说界面表达即为室内空间设计的主体。室内设计者在通过平面设计理论完成各个界面表达的基础上，把一个个分散的元素进行整合处理，达到整个实体进而整个室内环境的协调化，即完成了整个室内空间设计工程。因此，界面表达作为室内空间设计主体存在时，主要包括三个方面：界面独立、界面整合、界面空间。

界面独立。所谓的界面独立并不是说界面脱离空间而单独存在，而是指人的视觉在观察一个空间内的装饰时会有选择性地停留在一个界面上，只有选择的界面表达满足人的审美兴趣需要，勾起人们进一步探索的欲望，才可以使人们进而了解整个空间的表达。因此独立的界面往往在一定程度上决定了整个空间的层次、品味，只有做好每一个独立界面的表达，才可以完成整个室内装饰工程。如同人的兴趣爱好一样，空间中各个界面的装饰也是如此，不能全部处于一个色调，而要有侧重点，或轻，或重，或清淡雅致，或浓墨重彩，要有一个主题界面，其余界面与主题界面之间既有色彩表达上的区分，又要有一定的联系，过渡自然，色彩搭配恰当，给人以内心的舒适。在独立的界面表达时，如何安排界面内容也成了一门很深的学问。数学中我们接触过很多奇妙的数字，这是经过了五千年悠久历史的中华文明验证最满足人类审美需求的表达，黄金分割线、更方二分割线、九宫格分割线等，在界面设计时巧妙地将这些比例运用，所得到的效果又是大不相同的。

界面整合。整合即将零散的元件通过一定的联系变为一个整体。在室内设计中，各个界面在某种意义上来说便是一个个独立零散的元件，如何通过设计表现手法将其联系起来，使整个室内空间更加协调是门很深的艺术。界面独立中我们提到了主题界面，周围界面可以跟随主题界面的色调、质感、表现形式使之和谐过渡，对主题界面造成烘托渲染。反之周围界面也可以反其道而行之，采用与主题界面截然不同的表达形式，从而使主题界面更加突出，形成强烈对比。不管采用何种形式，在界面交合处要进行恰当的处理，以免使人极度不舒服，产生别扭之感。

界面空间。看到界面空间这个名词，一些人可能要发出疑问，界面顾名思义是一个面，是二维的，而空间很显然是三维的，那么又何来界面空间一说呢？这就说到界面表达的手段了。在现代社会中，说起三维电影、三维画作等人们一定不会感到陌生，那么同样的，二维的界面在进行表达时也可以通过一定的手法使其体现出空间立体感，这也是界面表达

的一种手段，称之为界面空间。其实，界面空间还有另一种理解方式，人们处于室内空间中，视线停留在某一界面上，通过界面表达的内容进而感受到整个室内空间的意境、氛围，也可以理解为所谓的界面空间，这种理解方式是基于人的视觉体验上的，相对于前一种界面空间的理解中的错觉、虚拟的空间，第二种理解方式中的空间就是真实的、切切实实存在的空间了。前一种理解方式给了我们又一种界面表达方法，后一种理解方式则强调了独立界面在整个室内空间表达中的重要地位。

二、界面表达作为室内空间设计的补充

不同功能的建筑物具有不同的内部空间形式，因此在进行室内空间设计时应从这方面开始考虑。通过颜色、质感、明亮、比例等方面来满足界面表达对视觉形态的设计，创设出独特的意境，渲染整个室内空间的环境氛围。由浅到深依次递进为空间形式、空间功能、空间意境，要达到界面与整个室内环境的和谐，就必须在这三个层次上达到所有要素的统一。

空间形式。空间形式主要指的是空间在比例、质感、色彩三个方面的不同组合状态。何为美，有人说美就是各个方面的和谐，就是一种舒服感。对于这种说法我是十分赞同的。在室内装饰设计中，如果从整个室内空间到每个实体再到各个实体的每个界面，无论各个部分的比例还是质感、色彩都搭配得恰到好处，又怎么不给人以视觉的享受呢？因为这就是美。比例还是我们前面说的黄金分割线、更方二分割线、九宫格分割线等，质感通过不同的材质来实现，色彩即指界面表达的具体内容了。

空间功能。空间功能包括物质功能、精神功能等，如人们日常居住的家，厨房为了满足人们做饭需要，要有灶台、储物柜、洗碗池，因为有油烟的缘故，墙壁要好清洗；卫生间的地板、墙面要防水防滑，卧室要温馨，客厅要采光好、要大气等，这就是室内空间的物质功能需求。而精神功能，则体现在庙宇的建立要让人有一种超脱之感，政府大楼的建立要让人感觉到庄严肃穆，历史建筑则让人感觉到历史人文气息。总之，面对不同的建筑，我们的室内设计要满足不同的空间功能，让其因为自己独特的存在而闪闪发光。

空间意境。人类建筑在满足最基本的功能需求后就要升级为精神层次的享受了，有时为了更有效地发挥建筑的空间功能人们也要努力去营造一种相应的空间意境。教室的装饰不仅要具备黑板、讲桌、宣传版面等必备要素，作为学生学习的场所，为了营造一种青春活泼、积极上进的意境，往往会在墙上贴一些激励标语，或者建立图书角，或者张贴一些与学习有关的物品，如地图、元素周期表等。空间意境的加入使得空间功能发挥得更加淋漓尽致。

实体界面表达是室内空间装饰中最为重要的组成部分，实体界面作为室内空间的主体，使其有了完整的形态；作为室内空间的补充，使其更具魅力。

第五章 现代室内色彩设计创新研究

第一节 室内色彩设计的基本要求和方法

色彩对视觉有强烈的感染力，对空间有较强的表现力，它是一种效果显著、工艺简单和成本经济的装饰手段。在现代家居空间设计中，运用色彩的表现力来确定室内环境的基调，创造室内的典雅气氛，已成为设计师常用的手法。

色彩的搭配在我们的日常生活中运用得非常广泛：我们穿衣服要讲究色彩的搭配，我们的房子装修更要运用到色彩的搭配，正确的色彩搭配有利于我们的睡眠，同时也会给我们一个好的心情。那么，室内的色彩选择与哪些因素有关呢？

拿客厅来举例：你觉得客厅适合什么样的色彩搭配？明亮的颜色还是深颜色，是华丽的颜色还是素雅的颜色，是冷色调还是暖色调？

不能主观地说客厅适合什么样的颜色，因为每个空间的使用性质不同、大小不同、方位不同，使用的人群不一样，色彩的选择也会不一样，本节主要从以下六个方面来了解室内设计中色彩的搭配方法。

一、空间的功能

室内色彩主要应满足功能要求，人在客厅逗留的时间相对较长，要选择明亮、华丽、热烈一些的色彩，但不宜用太强烈的颜色；卧室是家庭中私密性要求最高的场所，其色调选择要以安静为前提，最好偏暖些，选用的颜色要使人赏心悦目，以利于主人的休息；餐厅则要选用能促进食欲的颜色，比如暖黄色、橘红色；厨房给人的感觉就是烟熏火燎，为了缓解这种闷热感，可以选用给人清爽、整洁感觉的颜色，比如白色、浅绿色、浅蓝色等都是不错的选择。

二、空间的形式

有一个现象，是大家在日常生活中深有体会的，那就是穿浅色衣服使人看上去有点胖，深色衣服使人看上去会更瘦一些。

同样的，合理利用室内色彩可改善空间效果。充分利用色彩的物理性能和色彩对人心理的影响，能在一定程度上改变空间尺度、比例。例如，比较小的使用空间，可采用高明度的色彩，使房间显得宽敞、明亮；而空间过大容易产生空旷感的房间，可使用低明度色系，使它有种收缩感，提高亲切感。

三、空间的方位

我们居住的楼房一般都是南北向的，南向和北向的房间因为接受光照多少的不同给人的冷暖感也有差别，因此，可利用色彩来进行调整。在确定墙壁的颜色时，南向和东向的房间光照充足，尤其是夏天容易闷热，墙面适合采用淡雅的浅蓝、浅绿冷色调；北向房间或光照不足的房间给人感觉阴冷，墙面应倾向于选择色度较浅的暖色，如奶黄、浅橙、浅咖啡等色，暖色调缓解了阴冷感，让人感觉更舒服。

四、使用者的类别

不同类别的使用者，对色彩的要求也不一样，比如老人、小孩，男、女，对色彩的要求有很大的区别，由于使用对象不同或使用功能有明显区别，空间色彩的设计就必须有所区别。老年人总是喜欢回忆过去的事情，所以在居室色彩的选择上，应偏重于古朴、色彩平和、沉着的室内装饰色，这与老年人的经验、阅历有关；而红色系更适合烘托婚房的喜庆气氛。

色彩对儿童的心理有不同的调节作用，就像进入森林就会使人心情舒畅而平静，色彩对儿童的心情也起着很微妙的作用。

对于性格软弱过分内向的孩子，宜采用对比强烈的颜色，刺激神经的发育，而对于性格暴躁的儿童，淡雅的色彩，有助于塑造其健康的心态。

所以室内色彩要根据使用者的性别、年龄、文化程度和社会阅历等，设计出各自适合的色彩，才能满足居住者视觉和精神上的需求。

五、使用者对色彩的偏爱

在公司里经常会有这么一种现象：一些刚毕业的学生作品做得还不错，但客户就是不买账，从跟客户的交谈中发现，刚毕业的学生总是以自己认为对的审美标准去说服客户他的设计如何好，很容易忽视客户的喜好，也有人觉得客户喜好的颜色不适合这个房间，比如，如果一个客户跟你说希望厨房用上他最喜欢的大红色，乍一听也许你觉得大红色不适合厨房，立刻开始反驳，其实我们可以降低红色的搭配面积，既用了客户喜欢的颜色，又解决了大面积红色给人带来的烦躁感。

还有的客户，你给他看一些图片，他觉得这个也好那个也好，最终也不能给设计师一个明确的答案，遇到这样的客户我们不妨从他的性格中找到他可能更喜欢的颜色搭配：比如性格较开朗、热情、坦诚的业主，一般喜欢暖色调；性格内向、平静、稳重的业主，室内选择的是冷色调。喜欢浅色调和纯色调的人多半直率开朗；喜欢暗色调、灰色调的人多半深沉含蓄。反之，暖调、浅调、纯调能使人心情开朗愉快，冷暖、暗调、灰调会使人冷静、深沉。

六、使用者在空间内的活动及使用时间的长短

对长时间活动的空间，主要应考虑不产生视觉疲劳。像快餐店，人们在里面就餐的时间比较短，可以选择一些活泼或者热烈一点的能促进食欲的颜色。

第二节　室内色彩设计的原则及价值意义

随着人们物质生活的丰富与提高，室内设计已进入了一个新的发展时期。室内设计既是科学技术和文化艺术完美结合的综合性"工程"，也是人们生活观与审美观的重要体现。在室内设计的诸要素中，室内设计的色彩使用无疑是室内装饰中最为重要的元素之一。室内作为人们日常生活赖以生存的空间，是一个集文化传统、地域差异和个体爱好于一体的载体。人类自从有了建筑活动之后，室内空间不仅满足了人们的物质功能的需要，同时还满足着人们的精神需求。而色彩作为室内空间中表现方式最为生动的一个元素，对室内空间设计的风格、氛围、情调等起着举足轻重的烘托作用，并直接影响人们在空间中的直观情感，所以室内设计中色彩运用的成败直接影响着整个室内空间环境设计的最终效果。

一、室内色彩设计应遵循的基本原则

一个良好的室内色彩设计，既能反映当地物质文明和精神文明的高度，也能体现设计者的艺术水平，同时还能体现主人的修养、兴趣和爱好。所以说室内设计色彩既是一个生动的主体，也是一种文化象征。色彩是室内环境设计的灵魂，室内色彩对室内设计的空间感、环境气氛、功能区的布置以及对人的生理和心理均有很大影响。色彩是富有感情且充满变化的，在设计中若能把色彩运用得恰到好处，往往能达到意想不到的效果。色彩的运用是室内设计表现手法最简单也是最考究的方面，我们应该充分发挥和利用色彩的功能特点，创造出别具一格、和谐雅致的室内空间。既然如此，那么室内色彩设计应遵循什么原则呢？

其一，色彩设计要服从功能需求的原则。室内是供人居住的空间，是人们生活的场所，功能需求是第一位的。因此，室内色彩设计首先要充分考虑功能和精神要求。室内设计的目的在于使人们感到生活的方便和舒适，在功能要求方面，应认真分析每一空间的使用性质和特点。否则，色彩设计就会背离功能性需求这一重要主题。

其二，色彩设计要遵循利用室内色彩改善空间效果的原则。如果能充分利用色彩的物

理性能和色彩对人心理的影响，可在一定程度上改变空间尺度、比例、分隔、渗透空间，改善空间效果。例如，居室空间过高时，可用近感色，减弱空旷感，提高亲切感；墙面过大时，宜采用收缩色；柱子过细时，宜用浅色；柱子过粗时，宜用深色，减弱笨粗之感。假若在色彩运用上能进行很好的艺术处理，即使室内空间存在某种缺陷，也能依靠色彩的修复作用收到意想不到的效果。

其三，色彩设计要遵循民族、地区和气候条件差异的原则。色彩设计符合多数人的审美要求是室内设计的基本规律，但对于不同民族、不同地区和不同气候条件来说，其审美要求也不尽相同。因此，在进行室内设计时，既要掌握一般规律，又要了解上述诸因素的存在。就地域方面看，比如南方建筑的白墙灰砖颜色形成江南特有的灰色风格，而北方则大多不采用这种色调。就季节看，冬季的时候很多室内设计都会采用偏暖色调的色彩装饰，而在酷暑的夏季则会采用偏冷色调来进行综合布置。

二、色彩在室内设计中的价值与意义

将色彩应用到室内环境设计中，能够让人对整个室内的空间感、舒适度、使用率以及环境气氛产生影响，同时，色彩也是室内环境设计中最为实惠、经济又最具有设计效果的设计元素。色彩搭配的好坏除了能对视觉美感产生影响外，还能影响人的情绪以及人的工作效率。色彩在室内环境设计中的价值与作用，我们可以将其具体归纳为以下几方面。

（一）色彩能够影响人的情绪变化

众所周知，人的眼睛是一种生物器官，它会不可避免地受到生物体的生理特征的限制。人眼对于色彩的感受同样也是直接受生物机体结构影响的。一般来说，不同的色彩能使人产生积极或消极的情绪，正如暖色能够让人兴奋，而冷色能够让人沉静一样。同时，色彩也能够对人们的精神状态、身体状况产生直接的影响。色彩对人的心理及情绪有着显著的影响，如在暖色系列中，红、黄、橙色能使人心情舒畅，产生活泼、兴奋感，而青、灰、绿色等冷色系列则使人感到清静，甚至有点忧郁。白色、黑色是视觉的两个极点，研究证实：黑色会分散人的注意力，使人产生忧郁、沉闷、乏味的感觉，长期生活在这样的环境中人的瞳孔会极度放大，感觉麻木，久而久之，对人的健康、寿命产生不利的影响。白色有素洁感，但白色的对比度太强，易刺激瞳孔收缩，诱发头痛等病症。德国心理学研究表明，色彩感觉不仅能够影响人的主观情绪，有时甚至会对人的心血管、内分泌机能以及中枢神经系统的活动产生影响。美国学者也研究发现：悦目明朗的色彩能够通过视神经传递到大脑神经细胞，从而有利于促进人的智力发育。因此，有针对性地将色彩运用到室内设计之中，不仅能够起到调节人的情绪的作用，有时甚至能给人的身心带来健康。

（二）色彩能够影响人的心理联想机能

人们对色彩所产生的不同感受，主要是由于色彩的色相所引起的。不同的色相能够引起人们产生不同的心理联想。例如，绿色代表着生命，能够给人以平和、安宁的感觉，同时由于绿色对人的眼睛刺激很小，又能使人心情平稳，所以成了医疗及教育空间常用的色彩。医生在做手术时看到大量的鲜血之后，再看到绿色能让眼睛得到色彩的平衡，不容易出现疲劳的感觉，所以现在的医院常使用灰绿色作为墙面的颜色以及医生服装的颜色。我国剧场在早期多采用蓝色调进行装饰，这样会使观众对音乐剧产生冗长、乏味的感觉；在改为红色基调之后，观众的情绪由于受到了色彩的影响，容易保持在兴奋的状态，从而也能对音乐产生荡气回肠的感觉。所以在进行室内色彩的选择时，应该对色彩所具有的某种特殊象征与含义进行具体分析，而不能随心所欲地使用。

（三）色彩能够对室内空间感进行调节

由于色彩还具备一定的物理效应，能够使人们对空间的面积与体积的视觉感产生一定的变化，从而对室内空间实际存在的不良方面进行一定的改善。可以说不同的色彩会造成不同的轻重感、冷暖感、软硬感、时间感及空间感，可产生前进、后退、凸出、凹进的效果。如明度高的暖色有突出、前进的感觉；明度低的冷色有凹进、远离的感觉。再如，对于一个相对比较狭长的空间而言，如果能够在空间的顶部运用一些颜色较强的暖色调，再在墙的两边采用色彩较亮的冷色调，就能对这种狭长的感觉起到一定的弥补作用。虽然色彩并不能对室内环境的温度进行实质上的改变，但我们可以利用不同色彩以及搭配来对人们的温感进行一定程度的调节，即使人们对于室内温度的感受进行改变。由于色彩能对人们的空间感产生影响，因此，我们在进行室内色彩选择上如果能做得恰到好处，那么，就会使我们的室内设计收到事半功倍的效果。

随着人类社会逐渐走向现代文明，色彩文化的个性化会越来越突出。色彩文化的影响因素是复杂多样的，每一种色彩文化的出现都不是单一要素造成的。同一个限制因素在不同的条件下产生的后果也不尽相同，人类生存的环境复杂多样，生存于其中的文化群体创造了自己千姿百态的文化。作为人类文化一部分的色彩文化同样呈现出五颜六色、风情万种的姿态，这就要求我们在进行室内色彩设计时综合考虑各种因素，使我们的室内色彩设计收到意想不到的积极效果。

第三节　情感在室内色彩设计中的体现

室内设计中，空间蕴含情感之源，而色彩是传达情感的使者。色彩是最快捷、最敏锐、最具有视觉冲击的，具有"先声夺人"的优势，因此室内情感氛围的营造重在色彩设计。设计师需要考虑如何让人们得到情感的释放、心灵的解脱。

当今时代，科学技术和人们生活水平提高很快，然而电脑、互联网的普及使人与人之间真正面对面的沟通越来越少，感情越来越淡漠，人们渴望心灵的归属感，渴望被关怀、被关注，因而在未来的设计中更要注重情感设计。

一、色彩的心理特征

随着社会的发展和人们审美情趣的不断提高,色彩的应用范围越来越广泛,特别是室内环境色彩的设计已经越来越受人们关注。色彩本身没有情感,由于色彩的视觉刺激才产生了某种心理上的联想和情感上的共鸣。

(一)色彩呈现的心理效应

色彩可以直接影响人们的身体状况、精神状态。长期生活在红色或深色环境中的人们精神压力要比生活在蓝色或绿色环境中的人们大很多。我们先来分析一下色彩的心理感觉。

色彩的轻重感:高明度、彩度强的色彩总是显得比较轻,而低明度、彩度弱的色彩较重。

色彩的冷暖感:红、黄、橙等为暖色,具有明朗、热烈欢快的感觉,通常起到兴奋的作用。较冷的色相为蓝、绿、紫,起到镇静的作用,给人安详、平和的感觉。

色彩的软硬感:明度、彩度低的色彩有柔软感,反之高的则有坚硬感,黑白有坚硬感,灰色有柔软感。

在家居设计中可以通过色彩对人的心理效应来调整空间。假如空间过高时,天花板可以采用略重的下沉色彩,地板采用较轻的暖色调,来调整高度。同样,空间的距离宽窄都可以用不同感觉的装饰色调来调整。

(二)色彩的心理联想

色彩作为室内设计的重要风格元素,是主人情感的流露和宣泄,是家的表情。例如,蓝色的墙壁配以白色的相框,淡蓝色的窗帘与花卉,在炎热的夏天让人神清气爽,仿佛置身于蓝色海洋。而餐桌则配以绿色的树叶墙纸,淡绿的桌面,让人有种在大自然中享受美味的感觉。

二、居室环境中的情感氛围

(一)色彩氛围影响情感

光的亮度和色彩是决定室内环境氛围的主要因素,为营造私密性氛围,光的调节可以令色彩的感觉更加神秘。例如餐厅、咖啡馆的光色就是如此。卧室用粉色和浅紫能使整个空间充满温暖、欢乐、活跃的气氛,使人皮肤、面容看起来健康、动人。

与自然规律相对应,色彩还必须依附于界面、家具、室内织物、绿化及各种材质等。例如巴黎圣母院内,单纯质朴的石柱与薄如蝉翼的玫瑰窗形成对比,使纯洁高尚的情感弥漫在整个空间。

(二)室内设计的情境结合

意境指所描绘的图景和思想感情融合一致而形成的一种艺术境界,即感性的艺术形象与审美主体的情感相融而产生的艺术情趣、氛围,以及它们可能触发的丰富艺术联想和想象。"情境"是室内设计审美的最高境界,室内设计师应做到以"情"感人、以"境"动人。只有灵活搭配色彩,才能使富有变化的色彩创造神奇的境界。

因此现代室内环境设计很注重意境的审美风尚,人们希望远离喧嚣,远离烦恼,寻找情感的寄托,得到身心的完全放松和自由。

三、室内设计中的情感意义

(一)情感的内涵与意义

情感的真实来自事物对于人的内在需求的真实性。室内设计中的情感是指室内环境作用于人的感觉器官所产生的心理反应。现代设计对于情感的关注是设计者的责任,只有通过情感的设计才能唤醒人类的原本真实的情感。"情感是设计之本,空间因为有了情感的融合而生机盎然。当设计者充分运用色彩、光影、材质等多种设计元素形成的空间,最能打动人心,也最能满足内心世界与外在功能的平衡,这即是情感空间。"中国2008年奥运会场馆鸟巢、水立方的色彩设计融入了中国人民的爱国情感,鸟巢的内部主色调为"中国红",楼顶、座椅、回廊的色彩都是传统的"中国红",代表了中国人民的热情和好客。水立方的主色调为淡蓝色,宛若一块湖蓝色的水晶躺在那里,在阳光的照射下显得曼妙多姿,令人心旷神怡。水立方作为水上运动场馆,座椅、水体、顶部都为蓝色调,置身其中便有蓝天大海的心境,令人神往。

(二)情感在室内设计中的体现

1. 公共室内

公共室内是人流聚集的地方,要充分利用色彩的心理感受来营造不同场所的气氛。在商场中悬挂衣物是装饰店铺的简易手法,将那些与墙面颜色对比强烈的衣物贴钉在墙上,给人以新奇、新颖的视觉感受,体现商业空间积极、活泼的情感氛围,刺激人们的购买欲望。

图书馆、展览室的设计要求简洁、明朗,为了使人冷静,缓解长时间看书引起的视觉疲劳,通常用浅色界面丰富空间形象,由光线介入使室内环境产生清新舒畅的艺术效果。例如,戴尔福特科技大学图书馆的设计,地面以蓝色为主色调,裸露的钢结构使室内充满简洁、宁静的氛围。

2. 居住室内

家是人们休养生息、培养情操的地方。它需要营造一种宁静、平和、轻松、私密的氛围。客厅是孩子活动最多的场所,色彩设计可以鲜艳活泼一些;主卧的色彩运用可以温馨浪漫,体现幸福和祥和的感觉;厨房和卫生间的色彩设计可以简洁明快,给人干净与清爽的感觉。

色彩在室内设计中具有较强的视觉冲击力和心理感受力,人们把自己的情感倾注于所生活的空间。因此在人们居住生活中无处不流露着情感，始终贯穿在设计活动中。充满人情味的感情空间，必然感染使用者的精神，产生情感波澜。未来的室内设计将越来越重视体现人性化的情感室内环境。

第四节　人性化的室内色彩设计

"人性化"是人本主义思想在室内设计中的体现，它强调设计为满足人的生理、心理需求而存在。色彩是室内环境中最敏感的视觉因素。色彩在室内空间中不是孤立存在的，它受社会、文化的影响，带有明显的地域特点。人性化的室内色彩设计要以空间使用功能为中心展开，使色彩与环境要素有序统一，形成具有人文精神的和谐室内色彩关系，使人的情感得以满足和释放，这是进行人性化室内色彩设计的最终目的。

建筑是人类为改善自身的生存环境而产生和发展的，室内空间是人类生存的重要物质基础和生活依托。人是空间的创造者和最直接的体验者，人的意志和行为与空间有着最紧密的联系。

室内色彩设计的"人性化"肯定了人在空间色彩创造中的主导地位，强调色彩设计因人而存在，因人的需要而彰显其价值。人是色彩设计服务的对象，人的生理、心理需求决定着设计的方向，设计的过程是对人与室内色彩环境的关系进行科学化、系统化、艺术化的协调，并以此满足人对色彩的使用需求和情感需求，进而达到人与环境的和谐统一。

人性化的室内色彩设计能否实现，其根本在于能否对影响室内色彩体系形成的多种要素进行全方位的考量。通过对各要素的研究和合理运用，能使室内空间色彩真正成为一定文化氛围下物质与精神统一的和谐整体，使环境充满对人的体贴和关怀，散发出人性化的生命气息。

一、色彩定位显现人文精神

和谐的色彩及其组合是人类在历史发展过程中审美心理积淀的结果，包含着人对文化的理解，折射出相应的人文情结，传达着人的精神寄托。例如，采用黑、白、灰为主要颜色的江南水乡房屋建筑，呈现出浓淡变化有致，水墨画般柔和、温润、舒展的意境，体现了以"中和""中庸"为传统的中国理性文化观念。

人类的基本色彩审美观点是相似的，有一定的共性，但受文化传统和历史沿革的影响，不同民族、地域的人们对色彩的喜好和使用会存在较大的差异，同一颜色甚至会被赋予完全不同的寓意和内涵。因此，在进行室内色彩设计时，在一定的风格主题下，要重视空间风格特有的文化底蕴和色彩审美，并从中归纳、提取出最具代表性的积极色彩对空间进行色调定位，用色彩传递出空间独有的鲜明特色，创造出具有地域特征的文化氛围，使人感受到协调的环境美感和心理上的认同感、归属感。

二、室内空间使用功能决定室内色彩规划

美国现代建筑的奠基人路易斯·沙利文曾经指出，建筑设计的精髓就在于形式追随功能。"形式"是包括色彩在内的所有参与设计创造的元素。在进行室内色彩设计时，色彩规划应围绕室内空间的使用功能、使用性质展开，使色彩创造更具目的性、合理性，色彩效果更加艺术化、整体化，更符合人心理上对不同功能要求下的空间的色彩需求。

室内设计的空间包括家居生活、行政办公、商业购物、餐饮娱乐、文教卫生等诸多类型，这些空间的性质、功能不同，对色彩的选择也各不相同，如文教和办公空间的色彩设计，应选用有助于形成安静、沉着氛围的明亮偏冷的蓝色、绿色、白色等进行组合；餐饮娱乐环境的色彩应选择具有暖色倾向、纯度较高的红色、黄色、紫色等进行搭配，色彩独有的张力能够形成富有强烈兴奋感的色彩基调；住宅居室的色彩应带有暖灰色倾向，这类色系宜于形成适合居住的柔和、温馨、舒适的室内色彩效果。

从功能出发进行室内色彩设计，就是要基于不同对象在不同场合对环境功能的特殊要求，对色彩进行科学的选择与控制，避免不合理的色彩体系出现，创造出既符合空间特质又充满艺术情趣的室内色彩环境。

三、色彩心理效应创造宜人室内空间关系

色彩作用于人的视觉器官时，大脑接受信息刺激首先形成直觉映象，经过思维并结合已有视觉经验，产生视觉和心理相互作用、相互体验的一系列心理反应，形成距离感、轻重感、软硬感、尺度感等色彩心理效应。在室内环境中，色彩心理效应可以在一定程度上调节造型与空间的关系，改善空间效果，形成宜人的室内空间感。高明度、高纯度、暖色系的颜色有前进、突出之感，低明度、低纯度、冷色系的颜色有后退、内陷之感。利用色彩远近感觉的差异可以调整空间的凹凸感、前后感，强化空间造型的体积感，强调空间的主次关系，丰富空间层次，建立特殊空间秩序。

色彩的轻重感主要取决于色彩的明度和纯度，无论什么色相，高明度、高纯度的颜色显得轻盈，低明度、低纯度的颜色显得厚重。室内色彩布置常采用的"上轻下重"的布色方式，就是利用色彩轻重感觉的差异形成空间下端沉重的稳定感。色彩轻重差异常被用来调整空间构图，使空间力量达到稳定和均衡，或形成一定的韵律感。低纯度、暖色系的颜色有柔软之感，高纯度、冷色系有坚硬之感。色彩的软硬感可以改变空间和造型线条的硬度：既可以用"强调"的方式使硬的更加坚硬冷峻、软的更加柔软温和，又可以用"调和"的方式使两种对立的软硬感走向中和，从而影响空间和造型的形态。高明度、高纯度、暖色系的颜色有扩张感，低明度、低纯度、冷色系的颜色有收缩感——同样面积大小的带有扩张感的颜色比带有收缩感的颜色显得要大。色彩的尺度感可以从视觉上改变空间的三维

尺寸，调整空间比例关系，使空间小中见大或大中见小，营造适宜的空间尺度。

利用色彩对视觉心理的特有影响可以弥补空间原有的缺陷和不足，使空间层次大大丰富，空间关系更加协调，空间脱离平庸单调。色彩对空间的调节是最灵活、最便捷、最直接、最有效的手段，其视觉效果也是最鲜明和最富有魅力的。

四、科学的色彩配置形成有序室内色彩关系

室内色彩是由多个造型表面色彩组合形成的、三维的色彩体系，体系中的色彩相互影响、相互制约，关系复杂。进行色彩设计时应该遵循色彩的配置原则，通过有效的组织形成和谐有序的空间色彩关系。

室内色彩的配置，首先要符合空间构图的需要，明确主体色、背景色、点睛色之间的主从关系，形成以主体色为空间主色调、背景色进行呼应、点睛色形成对比的相互映衬、层级明晰的立体色彩关系；其次要合理运用色彩配置方法，包括同类色配置法、对比色配置法、邻近色配置法、有彩色与无彩色配置法，运用这些法则的配置规律，形成协调的室内色彩氛围；最后要注意色彩的统一与对比关系，在统一的前提下寻求色彩的对比变化，切忌过度的统一和杂乱的对比，并注意色块之间相对位置和面积大小对"统一对比"的影响，以形成既能被普遍接受又个性鲜明的色彩效果。室内色彩的配置不是简单的色彩堆砌，而是对科学色彩配置原则的合理运用，使色彩在空间的穿插、渗透方面具有强烈的秩序感，并以此形成符合大众审美需求的令人愉悦的室内色彩环境。

五、色彩与光形成环境色彩的正确表达

光是色彩能够被感知的基础，人的色彩印象因光对物体的作用而产生，色彩与光是相互作用、共存共生的。光本身具有色相、明度和纯度的属性，人所看到的色彩是物体的固有色和光源色叠加的结果，光的属性能够强烈地影响物体固有色彩的呈现，使物体色彩出现复杂的变化，如红色的物体在红光照射下显得更红更鲜艳，在绿光的照射下呈现出灰色的倾向。在室内设计中，要注意光、色相加现象，避免因光源颜色影响或破坏室内已有色调。在商场、展厅等带有展示功能的空间里，尤其要注意光色对陈列品的影响。例如，在食品陈列区，采用暖色光照射时会使食物显得新鲜诱人，采用冷色光照射时食物看起来显得变质和令人生厌。

色彩对光线有反射作用，色彩的反射率是不同的，高明度色彩反射率高，低明度色彩反射率低。在行政办公、文教卫生类的室内空间应多采用高反射率的浅色来装饰空间，以增加空间的明亮程度；在餐饮娱乐类的室内空间应适当采用低反射率的深色降低空间亮度，符合空间私密氛围的需要。

光和物体色彩的综合运用才能形成室内色彩环境的正确表达，才能准确营造符合空间功能需求的色彩氛围，创造和谐的室内色彩环境。人性化的室内色彩设计是建立在社会、

文化的基础上，以室内空间使用功能为中心，尊重色彩属性和色彩搭配规律的科学的、理性的设计，对人的生理、心理在色彩上的需求的考量遍及设计的方方面面。协调人与环境色彩的关系，使其和谐统一，这是室内色彩设计的最终目的，而人性与色彩美学的结合，能使室内色彩富有灵动的美感，充满朝气与活力。

第五节　室内设计色彩的合理运用

室内色彩风格化的使用原则：根据色彩给人的感受来使用，有层次地选用不同的色彩，尊重居住者的选择。本节将要分析色彩对居住空间设计的视觉心理指向和作用，探讨色彩文化的本质，阐述室内居住空间色彩风格化的具体使用。

一、室内色彩风格化的使用原则

根据色彩给人的感受来使用。色彩在三个方面给人以不同的感受，即饱和度、明度、色相。不同的色彩给人带来的心理感受是不同的，如给人以温暖的红色、橙色，等等，因为它们的饱和度比较强，明度比较高；带给人们庄严肃穆感觉的黑色、灰色，则是因为它们的色相比较深，明度比较低。设计师在室内装修的时候，要合理利用这些色彩，根据每个房间的大小和使用功能，合理配比出合适的色彩，给人们带来良好的居住感受。

有层次地选用不同的色彩。室内装修色彩的选择上要有层次，使用过于繁杂的色彩，会给人凌乱的感觉，对人们的心理造成压力。分层次地使用色彩才是室内色彩装修的基础。色彩的层次使用应当分为主色调、次色调和点色调，每个色调所装修的范围是不同的。房间的主色调应当使用明度较低的色彩，次色调是配合主色调而使用的，在色彩选择上不能与主色调反差过大，否则会给人造成视觉落差，影响人的情绪。次色调的装修应当用在房间的家具上，如柜子、椅子、窗帘，等等。点色调的使用是为了给人以创新的感觉，在色调的选择上可以出其不意，但也不能过于离经叛道。点色调的装修是用于房间内一些修饰品的装修，如花盆、灯具，等等。有层次的室内色彩风格化装修会给居住者以良好的居住感受。

色彩风格化设计要遵循居住者的选择。室内居住空间设计最终是为了服务居住者。对每一个居住者来说，他们对色彩的选择有自己的癖好，设计者要尽量满足他们的要求，也要考虑每位居住者的情况，合理选择色彩。如果居住者是上班族，那么室内居住空间应当是他们放松的空间，设计者在色彩的选择上应当给予他们自由的感觉，明亮度高的色彩是最好的选择。可以使用蓝色，让人联想到天空与大海给人自由感觉的颜色。

二、色彩对于居住空间设计的视觉心理指向和作用

心理与视觉效应的构建过程。空间设计是多种学科和思想交叉的设计领域，不但要考虑空间的功能需要，还要考虑整体的美学设计感。同一种事物在不同人看来有不同的感受，与之类似的是，同一个建筑空间在不同色彩的烘托下给人的感受是截然不同的。在人体的各项机能中，眼睛是人的五感中最发达的感觉器官。在人类的进化史中，最初人类的眼睛只能反映光还有光强的变化，随着人类的不断进化，人类的大脑可以成像并能够精细地解释来自视网膜上的视觉映像神经信号，这才使人们感知到了形状和颜色。

视觉生理和生活经验的关系。人类的眼睛相当于视觉传感器，但是在视觉形成过程中还有一个心理作用过程，这个心理作用结果能够在色彩构成中起到关键作用。鲜艳的颜色能够使人兴奋，促进人的血液循环，虽然这是色彩本身的性质，但是它能够被人类的直觉所感知，并且产生不同的情绪。不同的人或者相同的人在不同的心境下所感知到的色彩带来的情绪是不同的，这是人的心理作用，不是视觉效果决定的。

居住空间中的色彩感情。红色是最具有视觉刺激性的色彩，它能够让人感到振奋，而且它与其他色彩混合时能增加色彩的饱和度和温暖度，如果一个人长期处于一个充满红色调的空间中，就会感到烦躁和焦虑，所以在居住空间内要尽量避免使用红色。但是，许多快餐店为了加快顾客的流动，提高营业额，在店内多用红色装饰。橙色相对红色来讲比较柔和，人们如果置身于橙色空间中会有积极的情绪，并容易诱发人的食欲，所以居住空间中选择橙色为主体色调，会让人时刻保持良好的心态。黄色可以让人想到阳光，使人的情绪高涨，并且能够显示出一种华丽富贵的气势。但是，黄色是很容易造成病态的色彩，所以在居住空间选择黄色要慎重。绿色在多种情况下都是背景色，通过绿色可以看到很多色彩，所以绿色是中间色的最好选择。在居住空间增加一些绿色，既可愉悦身心，又可以缓解视觉疲劳，对人的情绪有稳定作用。蓝色很容易让人想到大海和蓝天，大海和蓝天都是一望无际的，所以蓝色能够调整身心平衡，虽然蓝色被许多人认为是后褪色，但是高纯度的蓝色可以为居住空间增色很多，它既不是那么沉闷的颜色，又不过于张扬，处于蓝色的居住空间中可以让人感到安定、冷静，而且蓝色的居住空间会给人一种大气的感觉，十分适合在学习、办公环境中，所以在居住空间中可以把书房布置成蓝色调。紫色代表着高贵和独特，让人感觉优美和富有，但也会有一种不安和坠落的感觉，处于紫色的居住空间中，会给人一种孤独和悲痛的感觉，所以在居住空间中不适合紫色出现。紫色适用于餐饮行业和休闲娱乐场所。灰色也是一种比较冷淡的颜色，适用于办公室的装修，而不适用于居住场所，它的应用会给人一种冷清、寂寞之感。

三、色彩的文化本质

色彩的视觉基础。人类身处一个绚丽多彩的彩色世界中，每个人都用自己的方式感受

这个世界的色彩，享受着色彩带给我们心灵的震撼和美的感受。色彩能够调解气氛，掌控人们的心情，它对人类生理和心理的作用是任何东西都不能比拟的。色彩是一种极其富有张力的语言，它在不同类型的艺术中都扮演着十分重要的角色，如绘画、建筑、雕刻、服装等。自从人类有了思想、能够认识色彩开始，色彩就一次次地带给人类震撼，一次又一次地带领人们进入新的世界。色彩和人们日常所见的光并不是一种物质，它是通过人类的眼睛感知到色彩的存在。我们通过眼睛来认识世界，感知色彩，因为色彩能够引起人们物质性的心理错觉，所以色彩的错觉现象经常作为一种设计方法和手段。

色彩与环境艺术的关系。色彩可以影响人的身体、心理、精神方面的感受，这一点对于环境艺术的设计至关重要，是不能忽略的因素。在环境艺术设计中，色彩可以代表这个建筑的特点和风格。比如，北京天安门的红色、故宫的金瓦，都十分庄严肃穆，令人肃然起敬。自然条件和地域因素也影响着环境艺术中的色彩设计，如北方的建筑，大部分都是颜色艳丽的；而南方的建筑，四季色彩丰富，充分描绘了江南的诗情画意。

四、室内居住空间色彩风格化的具体使用

浴室的色彩使用。浴室是一个比较私密的空间，在这个空间内人们是放松的。由于浴室的特点，设计者要考虑到浴室要给人洁净的感觉，因此在颜色的使用上应当是明亮度较高的色彩。设计者可以在浴室的四周使用白色瓷砖，给人干净洁白的视觉享受。也可以根据居住者对于色彩的癖好，使用小面积色彩的瓷砖进行修饰，满足居住者个人对色彩的选择。

书房的色彩使用。书房在色彩的选择上应当是给人专注的感觉，在色彩的使用上应当以冷色调为主，让在书房学习的人可以静下心来。在灯光调控上也应当有严格的要求，太过明亮和太过暗淡的颜色对于阅读书籍都是没有好处的，对眼睛是有危害的。

第六节 室内空间色彩体验设计

色彩是大自然给予人类的恩惠，在具体室内设计工作开展过程中，设计人员应注重对色彩特性的深入认知，将其意义和作用呈现出来。从新时期室内设计工作角度来说，色彩的应用不再保守，以自然、环保为基础，增加了很多新鲜元素，在强化家居气氛的同时，实现了各种颜色的中心搭配。

一、室内设计中自然色彩的属性

物理属性。色彩本身并不具备属性特点，但在自然光刺激人脑之后，会出现明显的刺激反应，进而产生远近、冷暖等心理作用。与此同时，色彩对人类视觉产生的影响，也会

随着色彩实际空间形态等不同特点出现改变，实现对人体空间认知的有效引导。例如，在现代色彩学研究之中，可以按照色相对色彩进行划分，主要包括冷色、热色和暖色。该种划分形式主要依托色环，如果是处于红紫到黄绿色之间的色彩，人们将其称之为热色，最热色为橙色。如果是从青紫到青绿色之间，则被人们称之为冷色，最冷色为青色。橙色和青色处于色带两极，在此期间，红色和青色之间的混合，可以呈现出紫色，这种情况人们将其称之为温色。另外，色彩除了让人产生冷暖感受之外，还能对视觉空间尺寸产生一定的认知错觉，这其中与"明度""可视度"等因素存在很大联系。而且在室内空间设计过程中，如果暖色系色彩明度较高，会使得周围空间距离越来越近，产生一个明显的前进推力，给人深远、深邃之感。

心理属性。人可以通过感官来接收外界中的各种信息，这也是人类心理感知的主要过程，并在信息处理时得到相关感受。色彩的传输作用很强，能够将人的情感和心理变化更好地呈现出来，而且同一种颜色对于每个人都会产生不同的心理作用。人的感官可以将外界刺激转化成某种神经冲动，当这种冲动进入人体大脑之后，会产生相应的感知信息。人类的大脑可以通过之前的记忆和情绪变化，产生更多的高级机能，促使人们心理产生变化，人体内部很多系统和技能会在不同的自然色彩下产生不同影响，进而出现不同反应。所以说，在不同色彩影响之下，人的心理变化也会呈现出明显的不同。从室内设计角度来说，如果能够保证空间具备较高的明度和纯度，人们的心理状态也往往会以积极向上为主；相反，如果空间明度不足，极易产生消极情绪，影响生活质量。

二、影响室内空间设计色彩的因素

室内空间功能对色彩的影响。在室内空间功能设计上，居住空间和公共空间共同构成了空间功能的主要类型，这其中，整个公共空间领域之中又包括很多不同类型的功能空间，在色彩的区分和作用下，不同空间也能给人带来不同的视觉享受。人类的行为活动决定着空间功能和设计方向，从人的体验角度来说，室内功能主要包括普遍功能和特殊功能。例如，在实际医疗空间设计上，本身功能服务极为特殊，对于色彩的设计也具备很多特殊要求，如干净、活力、积极等。在实际空间组合设计过程中，均需将使用功能呈现出来，形成室内色彩设计的充分构想。一般来说，室内空间功能决定着人们具体的空间运动形式，对色彩应用也会产生影响。零售商们可以指导实际商业活动的开展，并选择一些合适的软色调，这也使得商场设计往往以暖色调为主。相关研究表明，当购物环境设计以冷色调为主时，消费者的购物心态将会变得更加冷静，而在暖色调之中，消费者很难集中精力，而且会激发人们的购物冲动。

地域文化对色彩的影响。文化与人们的价值观存在直接关系，不同民族传承的文化准则存在区别，这也是一个国家需要遵循的价值观所在。在具体空间建设过程中，除了相关设计形式不同之外，室内色彩差异性更加明显。例如，著名建筑大师巴拉甘将现代主义设计风格和墨西哥民族传统文化结合在一起，让实际设计作品显得十分独特，这也为现代主义发展创造了良好条件。在巴拉甘设计过程中，主要以住宅产品为主，对相关建筑、室内等细节进行了全面考量，风格特点极为鲜明。在建筑师眼中，色彩含义大致相同。例如，在摩洛哥城市设计过程中，到处都是鲜艳的色彩，从建筑景观，到人们的穿着打扮，这些都能为设计者提供相应灵感。在这里，他们可以在地域文化之中提取鲜活色彩，并将具体建筑要素特点呈现出来，随后在相关设计工作中得到应用，色彩修饰感极强。

三、色彩体验设计在室内空间的运用

室内色彩的运用原则。色彩属于情感表达过程中的特殊语言，可以将室内设计的影响力和感染力提升。在实际室内设计工作开展过程中，相关工作人员需要重点考虑质、光及色等环境要素，这其中，色主要代表的是色彩。设计人员应根据实际业主需求，以及相关审美艺术和规律，对颜色进行合理化选择。值得注意的是，设计人员应该将使用者的性格和爱好成分展示出来，制订个性化格调和氛围，让色彩设计与实际生活特色相符。如果设计人员做到室内的色彩个性化搭配，便能呈现出特殊的空间效果，该种类型设计并不局限在墙面、地面等设计过程中，可以进行自由的抽象式构图，进而将原有的空间构图弱化，让个性效果更加明显。色彩是室内设计的灵魂所在，除了能够对室内空间进行合理化调节之外，还能让居住者的品位得到全面提升。只要能够将实际色彩之间的对比关系呈现出来，便可以营造出比较舒适、轻松的环境氛围，让室内设计显得更加生动、传神。

室内色彩的搭配方式。室内色彩的设计，绝不能脱离空间、位置、肌理等而独立存在，而且室内布置或者软硬装饰灯操作，均属于室内设计元素范畴。一般来说，整个室内的色彩配置，需要与空间构图需求相符，将色彩对空间的装饰作用更好地呈现出来，实现对居住者生理和心理的有效调节。近年来，整个室内设计过程中的自然色彩应用类型越来越多，多样化极为明显，尤其是在"回归自然"感觉呈现上，很多木头、石头以及不锈钢金属等产品的应用，与室内环境有效结合到一起。除此之外，在实际材质、色调的呈现上，主要以虚实空间质感变化为主线，将居住者个性品位呈现出来。从实际丰富色彩搭配角度来说，需要将人的情绪调动起来，构建更加舒适的生活环境。但如果人们长期居住在这种环境之中，极易产生厌烦情绪，对设计进行调整和修改，展示出焕然一新的局面，是每一个设计工作人员均需要考量的问题。

色彩在装饰设计中的应用尺度。在开展室内色彩装饰设计过程中，相关工作人员首先要做的就是确立元素主色调，将色彩分布的主要部位呈现出来，展示出主次关系，这也是背景色和主体色的有效展示。例如，在窗帘、地毯等设计过程中，需要具备同一色系特点，从明度和纯度差异角度来说，实际色系将会呈现出明显的从属地位特性，还会随着空间层析的增加变得越来越复杂，在统一之中寻求更多变化。当居室空间较高时，可以对饱和度较高的色彩进行选择，在强化亲切感的同时，避免空旷感的出现。如果墙面过大，可以使用明度偏低的色彩。另外，在实际空间装饰过程中，主要以黑白灰色调为主旋律，再加上一些柔和色彩与之形成配合，凸显出更加浓厚的个性色彩。

室内光线对色彩的影响。色彩与照明是室内设计过程中必不可少的重要组成部分，而且很容易受到光源和照明方式的影响，变化幅度较大。在自然光线下，室内物件也会呈现出不同的变化，而且离光源越近的地方，所呈现出来的亮度较高，远离光源的地方则较暗。在大面积光线射入之后，可以让室内视觉色彩环境得到全面丰富。色彩在光线的设计下，将会焕发出新的生命力，有时在光线反射或者是窗外景物映射上，还能对具体室内装饰效果和气氛产生剧烈影响。由于日光灯自身色彩偏冷，而吊灯的色彩偏暖，因此在实际光线设计上，应将区域划分特点呈现出来，做到整体协调、全局呼应，展示出最佳的用光原则。

对比色配置。整个对比色的应用，可以被看作是相对应的色环位置颜色，最为常见的颜色类型有蓝与橙、红与绿等，在对比色的作用下，室内色彩将会显得更加明艳。在此过程中，设计人员应做好空间界面和结构的充分把握，将特殊结构的建筑作用更好地呈现出来，这其中涉及的结构构件和楼梯等类型较多，在色彩的作用下，趣味性将会显得更加明显，而且该类搭配操作能够将导向功能进一步呈现出来。但随着对比色应用范围的增加，将会给人带来很大的视觉压力。如果是在空间界面之中直接应用对比色，色彩环境也会得到更多的改变，以此来强化人们对空间感受的了解。

综上所述，在实际室内设计工作开展过程中，往往需要根据实际环境和气氛进行设计更改，让实际设计风格更加完善，拒绝单一性特点的呈现。为此，相关工作人员可以提升对色彩在室内设计中的应用频率和范围，帮助人们缓解紧张情绪，进一步丰富空间情感，并将其色彩功能特点呈现出来，强化和谐性。

第七节　室内设计中色彩与环境设计的配置

室内设计中的色彩与环境设计的配置在很大程度上直接反映着整个设计的风格和主旨，决定着环境空间的审美、个性、趣味，是室内设计中必不可少的一个要素。由于色彩的直观性和表现力，能唤醒人的第一视觉，具有强烈的视觉冲击力和感染力。色彩本身的多元化和多样化，在与环境设计相配置时，能够更为生动、形象地表现出设计者的思想和意图，展示出设计的独特性和个性。色彩的物理、生理、心理效应。色彩与环境设计的合理配置能够形成丰富的联想，产生感情效果。在室内设计中既能创造出层次感、舒适感，又能彰显个性，给人以美的感受和体验。

一、室内设计中色彩与环境设计配置的原则与具体体现

充分考虑功能要求。室内设计中色彩与环境设计的配置归根结底是以室内为基础，是

为了满足人们对功能性和需求性的要求。因此，要认真分析和考虑每一空间的使用性质以及相互之间的协调性，根据居室的不同要求进行区别对待，以突出整体的层次感和表现力。

符合空间构图的需要。色彩与环境的搭配并不是盲目的，在追求个性化需求的同时，需要遵循色彩和环境的客观需求，要具有一定的韵律和节奏感，否则色彩搭配和设计将显得突兀、不和谐、杂乱无章，难以给人舒适体验。要正确处理好协调和对比的关系、统一与变化的关系、主体与背景的关系。从整体框架出发，协调好空间构图需求，遵循一定的规律和特点，在发挥色彩的功能性的同时实现对空间的美化作用。

合理选择装饰材料。装饰材料质地的选择、颜色的选择都应当是在主体环境的客观要求上，一个空间环境的装饰材料颜色，如墙面、地面等在很大程度上影响着整个空间的色彩倾向和视觉感。合理地选择装饰材料不仅能丰富空间色调，增强色彩表现力和感染力，也能直接体现出设计主体风格需求。除此之外，室内设计中的色彩与环境设计的配合原则还应当充分考虑家具陈设和光源这两个部分。前者对于环境色彩能起到很大的弥补、调和、搭配作用，也能凸显色彩的功能性和色彩表现。而后者则是色彩反映的一个前提条件，也就是说无论是环境色彩的搭配，还是色彩的变化，都是建立在光源基础上的，以光源为依托。

二、室内设计中色彩与环境设计的配置

利用室内色彩，改善空间效果。在具体设计过程中，要充分考虑色彩的物理、生理、心理效应，结合空间尺度、比例、分割情况等，进行合理配置。从色彩环境空间的层面改善空间效果，提升设计的质感和舒适感。

室内设计中色彩的常用配置类型。室内设计中色彩与环境设计的配置与设计者本身的意图、思想，以及人们的气质、生活习惯、爱好等方面密切相关。室内设计的色彩、环境的搭配在很大程度上，能直接反映使用者的欣赏水平、品味、性格、文化素质等，是对使用者自身情感、需求的直白体现。

色彩设计与室内环境整体相协调。色彩的选择与环境的配置除了要满足空间功能性需求和个性化需求外，还需要在整体格局上保持统一、协调。无论是顶面、墙面、地面的色彩，还是家具、摆设物品的色彩，都要结合整个布局环境要求，求同存异，在变化中求协调统一。合理调配好色调的选择和色彩、色调与环境的调配关系，保持整体的协调性，给人视觉上的美观性和功能上的舒适性。

大胆创新，追求个性。室内设计以人的主观需求为依托，色彩与环境设计的配置都需要考虑人的审美情感。但在这种情况下，往往滋生出雷同的环境设计，对于环境设计的要求，形成一种固有的选择和模式，缺乏丰富的色彩变化和大胆、个性化的色彩环境配置。这不仅影响了人们的审美，也限制了人们的想象力和对美的追求。对此，设计师要敢于大胆创新，积极突破固有的色彩观念，引导居住者更新观念，以突出个性化、人性化设计。

室内设计中色彩的设计要着重考虑环境因素、客观因素、主观因素，要从实际出发。对于不同的空间需求，采用不同的色彩搭配，结合色彩给予人不同的心理感受和情感体验，进行合理配置，以设计出符合空间特征的色彩环境，满足使用者对和谐、舒适、个性化、人性化的室内环境需求。

色彩与环境设计的配置直接关系整个室内设计效果与设计质量，不同的色彩与环境配置所呈现的感染力、表现力和视觉冲击力是不同的。在实际设计过程中，要充分考虑色彩与环境本身的优点和特色，巧妙运用、合理搭配，以满足室内设计对功能性的需求以及对舒适、安全等方面的要求。

第六章 现代室内光环境设计创新研究

第一节 现代室内光环境设计趋势

现阶段，随着房屋住宅需求的增加，人们开始注重装修的质量。因此，住宅设计越来越受到人们的重视。在住宅设计的过程中，室内光环境设计是一个重要的组成部分。室内光环境设计能够提升人们的精神需求，并有效提高人们的舒适体验。在室内光环境设计的过程中，需要遵循相应的原则。笔者于本节中，针对相关设计原则，对现代室内光环境设计趋势进行分析。

室内光环境设计工作是住宅建筑设计中的一个重要组成部分。在室内光环境设计的过程中，不仅要重视其美观程度，还应该注重人们的舒适性体验。因此，在住宅设计的过程中，需要对房屋住宅的环境、布局以及环保能力等进行充分的考虑，进而有效保证人们的居住体验效果。

一、室内光环境设计中的具体要求

在室内光环境设计中，需要满足一些具体要求。在这个过程中，需要对人的感受、经济以及环境等多个方面进行充分的考虑，只有这样才能够保证住宅设计更加舒适。其中比较重要的，就是要考虑到人的需求，人的需求主要指的是视觉的舒适度与人的健康与安全需求。所以，在现代室内光环境设计的过程中，要充分解决光环境设计中的质量问题，进而提高住宅建筑的居住质量。同时，还应该保证住宅的安全性能，进而对设计创意进行有效的调整，提高现代室内光环境的照明效果。

与此同时，在室内光环境设计的过程中，还应该对光环境对人的视觉以及心理造成的影响进行充分的考虑，照明的重要目的就是能够使室内的事物清晰可见，不同的照明效果也会带给人们不同的感受。所以，应该重视照明效果对人的主观感受造成的重要影响。一般而言，室内照明能够让人们感到轻松，也能让人们感到无比的压抑，这都需要在光环境设计中引起足够的重视，恰当地利用照明手法。

二、现代住宅室内光环境设计呈现的艺术效果

现代住宅室内的天然采光设计。在现代室内光环境设计过程中,天然采光具有重要意义。利用天然的光源,符合节能和低碳的观念,成了现代住宅室内设计的一种新的时尚。所以说,做好天然采光,对居住者的生理和心理健康的发展都有重要意义。目前,在现代室内光环境设计的过程中,想要更好地做到天然采光,提高室内的采光效果,就需要对诸多方面进行综合考虑,以便为住宅光环境设计提供更好的环境。在对现代室内光环境进行设计的过程中,室内的空间布局也会对光环境设计造成严重的影响,在设计的过程中,需要对厨房、卫生间、卧室、客厅等进行综合考虑。

现代室内光环境人工照明设计。在现代室内光环境设计的过程中,有时会进行人工照明,人工照明对照明质量提出了比较严格的要求。当人们处于不同的房间和区域时,对照明的需求也是不同的,而装修中的照明设计也需要与区域内的相关设计标准相一致。在人们的思维认知当中,觉得装修是个人的主观意志,喜欢明亮的,就将室内设计得明亮一点;喜欢暗的,就将室内设计得暗一点。但是,其实室内光环境是需要一定的参照标准的,也需要针对光源和灯具颜色进行合理的选择,这样才能达到更好的照明需求。光环境设计工作,需要具有一定的针对性,也需要对整体进行综合性的考虑,并将住宅照明风格与家具装饰进行有效的融合。所以,在挑选家具时,也应该对室内的光环境进行充分的考虑,进而整体构思。

一般情况下,在现代住宅的光环境设计中,需要考虑的重点因素有光源的亮度、立体感以及光污染区等。在这个过程中,需要着重对住宅室内的光污染进行有效的控制,这里的光污染主要是指太阳光以及室内的灯具照射产生的一种污染。室内亮度太高是一种光污染现象,室内的光亮反差太大也是一种光污染现象。客厅的功能是会客,在与客人交流的过程中,需要对面部表情和动作进行有效地传达。这就需要客厅的照明在主光之外,设计必要的辅光,以便完成对客厅的整体塑造。

综上所述,在现代室内设计的过程中,应该对光环境设计引起足够的重视。在光环境设计中,需要重视光环境对人造成的影响,进而在此基础上开展光环境设计,以便让室内光环境符合人们的居住需求,有效地提高人们的居住质量。

第二节 室内设计中的光环境设计

在室内设计中,光环境的营造至关重要,设计师往往会在设计过程中考虑光环境对室内环境的渲染和烘托,从而设计一些十分巧妙的细节,给室内环境增添灵动、优美、新奇的感觉。可以说,光环境是室内设计的点睛之笔。目前,室内设计中对光环境设计的要求

随着人们对美的追求不断提升，对室内设计师来说是一个新的挑战。本节介绍将室内环境设计中光环境的表现手法，以及光环境设计方法、作用和表达的艺术效果。

光是生活中必不可少的一个元素，古人就已经发现光的用处，人们在白天活动，而夜晚就不会随意走动。到了现代文明社会，人们将夜里也有光变为了现实。光主要有自然光源和人造光源两大类。在室内设计中，光环境是影响整个室内环境的主要因素，光环境营造的成功，会给室内环境增添许多亮点；若光环境没有将艺术效果表达出来，反而会让其余优秀的室内设计看上去平淡无奇。因此，对光环境的把握就显得十分重要。

一、光环境的表现手法

点、线、面的运用手法。无论是平面设计还是立体设计，点、线、面都是重要的基本元素，设计师应采用至少一种元素为主调，去进行整个二维平面或者是三维空间的设计。对光环境的设计也应利用这三个元素，设计师通常将激光灯、聚光灯看作是点元素来进行设计，点元素的特点是灵动、欢快，因此可以利用一些聚集光源来突出室内设计的重点和精巧之处，达到吸引人们眼球的目的。点光源通常来说面积较小，常作为一个辅助光源，来烘托整个环境气氛，如卧室里的床头小灯、商场衣服模特前的聚光灯等。而线光源常被看作是散射状，线光源的使用较多。线光源的特征要根据其形态来决定，直线光源就显得比较严谨、平稳，斜线则表示活泼、跳动的感觉；线光源通常由屋顶自上而下，覆盖整个室内环境，奠定室内光环境设计的主调，较直观地表达设计师的想法；而面光源通常会作为点光源和线光源的背景，它能包容后二者而不会十分显眼，常用作比较昏暗、有神秘感的室内环境，如酒吧、网吧。点、线、面光源都有各自的特点，设计师在设计过程中要结合室内的特点，有针对性地选择不同方向、位置的光源，达成整个室内的协调与美感。

对比度与亮度。光的亮度与对比度能直观地表达出光环境的特点，一些较活泼、供人们休闲的场所，如室内游乐场、大型超市、茶楼等，就需要亮度高、对比鲜明的光环境来让儿童更愉快地嬉戏、让顾客更舒适地购物；而一些私人场所、神秘感浓厚的地方如私房菜馆、酒吧等，就要用亮度和对比度都比较低的光环境来营造所需氛围。

二、室内设计中光环境设计艺术效果

在任何室内设计中，都强调光环境设计艺术效果的体现，其艺术效果不仅体现在形式上，还与光环境所具有的功能密切相连。光环境的艺术效果常常与其功能同在，缺少任何一样，这个设计都是不完整的，总会给人一种不满足感。光环境设计要有艺术效果，但也要同时满足功能的体现，如此才能完整地表达出光环境设计的艺术效果。

光源在光环境设计中的体现。光源分为自然光源和人造光源，在室内设计中两者相辅相成，同时也各有千秋。优秀的光环境设计要充分考虑二者之间的协调共存，要考虑在何种状态下以哪种光源为主、哪种为辅，要避免两种光源同时突出，反而显得杂乱无章的情况。

自然光源设计。对自然光源的设计实际上就是确立采光口的位置和形态，通常情况下采用顶部采光，这样能最大限度地维持光的亮度，保证光线强度充足。自然光源在日常居所使用较多，一般的自然光源就能满足人们正常的生活，也达到了一定节省电力成本的作用。但部分对光要求不同的场所，如展览馆、艺术馆等，要保证展品、文物、画作等不被自然光源中的紫外线所伤害，就要设立遮阳设施，保证室内尽可能少的自然光源，以及较恒定的温度。

人造光源设计。自然光源有周期的出现，人们发明了人造光源，目前人造光源也是最常用于照明的光源，同时由于光源的多变性，人造光源又可分为直接照明、半直接照明、间接照明、半间接照明、漫反射照明或简要分为局部、一般、混合照明。例如，对图书馆、教学楼、博物馆等对光源亮度要求较高的室内环境，采用直接照明；在一些休闲娱乐的室内环境，如奶茶店、甜品店、茶馆等，就不需采用亮度大的直接照明，而使用间接照明就能达到舒缓身心的目的。

总的来说，人造光源的利用率要大于自然光源，当然这不代表自然光源是可有可无的，在一些特定场合要抓住其特点和要表达的感情来合理选择和设计自然光源以及人造光源。设计师要适当地利用自然光源，再结合人造光源的效果，营造既符合环境特征又具有美感的室内环境，体现设计的艺术效果。

光环境设计在空间营造中的体现：

空间艺术。光是灵活多变的，它不是笔直的一条射线，从光源散发出来，遇到空气、水、实体等，它会产生折射、反射、透射，还可能变得半透明、不透明，光演变出的各种各样的形式，会在空间内形成一种复杂的光环境，这种光环境充斥在整个室内空间，使空间变得明亮，同时又能渲染出一种气氛，带给人不同的感受。例如，"密室逃脱"中的密室，就要采用昏暗、低沉的光源作为基调，烘托出神秘、让人恐惧的环境气氛。

光的线性特点还能将空间分块，这种分块的界限不是很明显，而是利用光模糊的感觉，在参观者眼中形成一种视觉上的分界线，让整个空间变得柔和而唯美，也丰富了空间环境的层次感；光还能通过颜色、亮度、分布方式的不同来分隔空间，通常用来分隔不同功能的空间，如在居民房室内设计中，客厅的颜色多较为明亮，显出客厅的宽敞和主人的气派；而在餐厅，就要选用暖色基调的光，刺激人们的食欲；在卧室里就要用温暖的、亮度较低的光源，营造一种缓和的气氛，以便人们入睡。光环境设计的不同能对同一个空间产生不同的视觉感受，能丰富空间的层次，表达不同的空间主题。

光影造型艺术。有光的地方就有影，在许多艺术领域都有利用影来完成艺术作品的例子，如影子舞蹈。影有一种神秘的美感，能让人在感受到朦胧和模糊之时，了解其想传递表达的感情。光与影通常一同用于设计中，许多设计在用光源突出重点部分的同时，也利用影来进一步渲染与烘托。影的存在还能增添生动气息，如水面上波光粼粼的倒影，将之运用于室内装潢设计也能增添趣味性，如室内浴缸，可在浴缸底部安装一个人造光源向上照射，就能在天花板上形成动态十足的影子造型。

特殊材料的运用体现。除了单纯地通过光环境设计和营造环境效果，近年来也出现了使用一些见光有特殊反应的材料，利用反射效果来达到光环境设计的艺术效果。例如，在一些高档餐厅中，设计师巧妙地利用一些反光材质制造出的小物件，放置在餐厅正门或者天花板吊顶上，这样在傍晚时分，通过人造光源的照射，就会出现夏日明朗星空或者萤火虫飞舞的意境。

人们对光环境的设计是为了满足人们的需求，提高环境舒适度，这是光环境设计的核心，要以人为本；在保证人们使用舒适的情况下，也要追求美感、追求更舒适的协调感，并在不同场所用不同光环境来迎合人们的行为。光是可以控制和改变的，可以传递情感，可以表达主题，设计师应更全面地去认识光、观察光、利用光，从而更好地为现代室内设计增添创意和想象，提升室内设计的水准，更好地满足人们对美的精神需求。

第三节 节能性的室内自然光环境设计

随着技术的不断提升以及人们对生活质量要求的不断提高，室内自然光环境设计受到了更多的关注。自然光的科学设计不仅能够为人们打造更加舒适的生活空间，还能节约一定的能耗，符合资源节约型社会发展的需求。

一、窗洞设计

为了在室内更好地利用自然光，保证其节能的效果，设计者需要注意窗洞设计的科学性。窗洞位置存在一定的区别，因此可以从角窗采光、天窗采光和侧窗采光三个角度进行分析。角窗主要指的是建筑物四角交界处的折线形窗户，其采光效果较好。在室内设计角窗，可以照亮周边的墙壁，将室外的阳光引入室内，角窗和墙面可以设计合适的角度以避免出现眩光的问题，减少室内光照给人带来的不适感。在设计顶面采光的过程中，天窗的设计十分关键，使自然光可以从不同角度进入室内，但是其缺点是会导致室内温度过高，影响人们居住和办公的感受。因此，设计天窗采光时，需要避免室内热能的损耗，要根据地域特点和要求选择更加科学的开窗比例，要注意天窗设计要靠近需要照射的区域，有些地区将天窗分为几个部分进行设计。侧窗采光主要利用房间内的侧墙，在侧墙开设采光口，这种方式更好地利用了光线的方向。其缺点是会出现一定阴影，光照衰减速度较快。侧窗一般设计为矩形，采光量较大，在选择窗户大小和形式时，需要结合地理位置进行分析，尽量注意提高窗口周围墙面的反射能力，改善室内亮度。

二、中庭采光设计

中庭设计一般较重视顶部采光的效果，中庭可以将天然光线引入室内，随着采光面积的增加，采光系数的增长会逐渐变得缓慢。例如，德国国会大厦的中庭采光设计，模拟了玻璃穹顶，其主要作用是为市民提供参观的坡道，底部则是玻璃天窗，利用了一种倒锥体反射装置，将一些水平光线反射为漫射光，这些光线进入大厅，能够极大满足大厅的光照需求，达到良好的节能效果。中庭采光的设计，不仅要保证照明，还要考虑一定的美感，因此在设计过程中，要注意提高其艺术性。

三、导光装置设计

导光装置设计可以达到一定的节能效果，尤其是在设计过程中要运用光的反射、折射等基本原理，借助相应的技术，将光进行更加合理的运用。目前常见的导光装置设备有反光板、导光管、导光棱镜窗等。反光板比较受欢迎，是比较常用的导光装置之一，主要原理是借助天然的采光构件，在窗口内侧安置一块挡板，挡板的位置需要进行合理设计。如果窗户的形式存在明显区别，比如观景窗和无观景窗，其要安装的挡板不同。在观景窗安装反光板，由于上部窗口玻璃透光率较高，光线进入室内能够被反射使用，下部窗口透光率低，窗口处光照度较低，眩光问题会逐渐缓解。反光板上可以使用浅色的饰面，避免反射光后产生光斑，影响室内的视觉效果。导光管也比较常用，导光管的中心是棱镜玻璃组成的锥体，可以起到折射阳光的作用，其外表是合成弹力纤维制作的表皮，能够将光线散射到窗户上，并在地面上投射出美丽的图案，具有一定的艺术魅力。导光棱镜窗带有平行的棱镜，其背面平整，可以借助折射作用改善光线的方向，改善室内的照明度，提高舒适度，减少眩光。使用棱镜窗时，需要注意其呈现的景象比较模糊，因此多应用在天窗设计中，可以保证室内光线的柔和度。

四、遮阳设计

合理运用太阳光，不仅可以满足光照要求，还可以用于取暖。但若太阳照射角度或方向存在问题，就会影响人们的室内工作和生活。因此，设计者需要采取有效的遮阳措施来改善这一问题。目前在遮阳设计中，设计者经常使用的材料有镶嵌材料和中空内置百叶窗等。镶嵌材料主要的原料是玻璃，比如我国的北方地区对光照需求较高，为了更好地保暖，会采用双层中空玻璃材料。南方多使用折光型的印花玻璃，可以更好地起到阻挡紫外线的作用。近年来，随着技术的不断发展，玻璃材料不断丰富，我国已经具备了中空内置百叶窗，其特点是将百叶窗和中空玻璃相结合，然后将百叶窗封于中空玻璃中，通过手动磁控来控制百叶窗的方向。这种百叶窗的隔热效果较好，适合很多地区使用。除此之外，一些简单的遮阳装置也常被使用，比如遮阳帘、遮阳纱幕等。遮阳帘的材料多种多样，如布、纱、竹等，根据不同的需求可以选择不同的遮阳材料。其中纱帘具有半透明的效果，因此常常被使用于卧室或办公区域。遮阳纱幕是一种新型材料，其原料是玻璃纤维，安装后可以与窗户紧密相连，其稀稠度直接关系着室内光照的强度，可以保证室内光线均匀。

为了更好地实现室内自然光环境设计的节能目的，设计者可以从多角度进行设计，尤其是借助采光口、采光装置等，更加合理地运用自然光，节约人工照明的能耗，将技术和艺术进行有效结合，达到更好的照明效果。

第四节 室内空间设计中光环境的营造

人类生活的方方面面都离不开光，离不开光环境，因此在室内空间设计时不仅要满足人们基本的生活、工作需要，也就是室内空间设计的实用性，还要营造光环境以满足人们生理和精神的需求。光环境也就是外界的自然光与人工照明的结合，光环境的营造对室内空间设计十分重要。本节就室内空间设计中光环境的营造进行深入探讨。

光环境在室内空间设计中能够发挥很大作用，无论是住宅的室内空间设计，还是商业的室内空间设计，光环境的营造对室内空间的视觉效果都有很大影响，只要营造得当，就能够极大地提升室内空间的审美效果。除此之外，光环境还能够营造一种温馨舒适的意境，可以满足人们的精神需求。

由光（照度水平和分布、照明的形式）与颜色（色调、色饱和度、室内颜色分布、颜色显现）在室内建立的同房间形状有关的生理和心理环境。人们通过听觉、视觉、嗅觉、味觉和触觉认识世界，在所获得的信息中有80%通过光产生的视觉形象。

一、室内空间设计中光环境营造的重要作用

光环境的营造可以满足基本的照明需求。光环境是由外界的自然光和人工照明两个方面组成的，无论是怎样营造光环境，首先都应该满足基本的照明需求，让室内空间的能见度高，这样才能满足人们日常生活和工作的需要。

光环境能够体现空间设计的特点。光环境和空间两者有着互相依赖、相辅相成的关系。空间中有了光，才能发挥视觉功效，能在空间中辨认人和物体的存在；同时光也以空间为依托显现出它的状态、变化及表现力。

光环境的营造能够影响人们的精神状态和心理感受，不同的光效能够产生不同的效果，如柔和的光给人以温馨的感觉等。良好的灯光可以振奋精神，提高工作效率，还可以营造舒适的氛围，放松身心。

二、室内空间设计中光环境的营造措施

光环境包括外界自然光和人工照明，因此在光环境的营造中也应该从这两方面进行考虑。

室内空间设计中外界自然光的营造。外界自然光一般指的是太阳的直射光和天空的散

射光。外界自然光有三个优点，第一个优点是天然光，天然环保，不需要消耗能源；第二个优点是自然光照射有利于人们的身体健康；第三个优点是人们通过自然光可以了解外界的自然信息，感受阴晴冷暖，这三点都是人工照明所不具备的。外界自然光的营造方法就是对自然光进行一定的控制，也就是对自然光进入室内进行调控。自然光进入室内空间需要通过对室内门窗进行一定的调整，包括对于室内窗户的开设位置、样式等进行调整。首先是侧窗，侧窗是室内开设最多的，侧窗的位置应该尽量避免光线直射，尤其是用于办公或学习的场所，刺眼的光会影响工作和学习。而且侧窗开设得越大，室内进入的光就会越多，因此要根据每个房间的实际需要对侧窗开设的大小和高度进行调整。然后就是天窗，天窗不是所有的房子都有的，天窗能够增加采光性，能够让屋顶的阳光透进来，让整个室内空间敞亮起来，因此有条件可以增设天窗，尽可能地提高室内采光。最后就是对利用一些辅助设施，采光窗是通过小型结构提高室内照明度，同时防止阳光直射产生眩光，可采取外装遮阳隔板或百叶等，这样既可以达到采光的作用，又可以避免眩光。通过这一系列的室内窗的调整，可以充分利用自然光来营造光环境。

室内空间设计中人工照明的营造。人工照明的营造就是通过对室内空间的灯光的调整来达到营造光环境的目的。不同于外界自然光，人工照明是使用灯具、房间陈设等来达到营造的目的。相比于外界自然光只需要对窗户的位置、开设大小、种类进行调整，人工照明考虑得就比较多。灯光的布置形式、灯的种类都会对室内光产生影响。因此室内空间设计中人工照明的营造要从以下几个方面进行考虑：第一个要考虑的就是关于灯光的布置，不同的功能区灯光的布置也不同，客厅需要的灯光往往是明亮的、大气的，卧室的灯光多是温馨的，书房的灯光多是柔和的、清晰的，因此要根据不同的功能区对灯光进行布置。除此之外，灯光的布置还要有所区别，不能太过单一，有的地方灯光应该强，有的地方灯光应该弱，这样能够让室内灯光在满足基本需求的同时，更加有层次感，更具美感。灯光的设置不能局限于某个功能区，要统筹室内所有灯光，尽可能地让室内灯光和谐统一，既有一定的层次感，又形成一个整体。然后是灯光的种类，灯光除了白色的照明灯外，还有一些橘色等彩色灯光，在这些灯具的选择上，也要考虑多个方面，包括灯光是否节能、灯光的明暗等，要根据实际情况进行选择。灯光的色彩对室内氛围的影响很大，冷色会让人觉得安静、冷寂，暖色的橘色灯光则给人以温馨的感觉。而且有的地方像客厅、餐厅等地方适合吊顶灯，而卧室、卫生间、书房等则适合挂壁灯和台灯。除了这些灯对于光环境的营造有影响外，还有一些因素也会对室内灯光造成影响，如饰面材料，饰面材料的不同会影响室内空间光环境的营造。饰面材料分为两种，一种是反光材料，另一种是不反光材料。反光材料对于光环境是有很大影响的，合理运用好这些反光材料不仅可以提高室内空间的明亮度，还能够反映出室内陈设的材质和美感。

光环境对于室内空间设计具有很大影响，包括满足基本的照明需求、体现空间设计的特点等。要想在室内空间设计中营造良好的光环境就需要对外界自然光和人工照明进行调整。对外界自然光的调整可以通过对侧窗的位置、开设大小以及天窗、辅助窗的调整来达到目的。对于室内光就需要考虑多个方面，如灯光的布置、灯具的选择还有饰面材料的选择等。

第五节 室内光环境的台灯设计

着眼于人们对于审美情调以及良好学习、工作生活体验的诉求，笔者认为现今的台灯设计应基于光环境设计理念，对人——台灯——光环境进行系统设计。本节从设计合理的台灯造型、提供宜人的台灯光线以及创造智能化的光环境三方面进行设计探讨，认为台灯设计应该综合考虑造型、光环境、新技术等因素，最后提出基于 LED 光源技术并结合智能化控制技术的交互式，智能化台灯应是台灯设计的发展趋势。

台灯在《辞海》中的解释是指坐落在台桌、茶几、矮柜的局部照明灯具，它是现代家庭中富有情趣的主要陈设之一。台灯经历了作为孤立的产品进行设计的阶段到人——台灯系统进行设计的阶段。现如今，随着人们生活水平的提高，人们思想意识、生活方式的改变以及科技水平的提高，台灯的设计除了要考虑形态、色彩、结构、材料、工艺等之外，还必须考虑该台灯所产生的光环境是否有利于工作学习与生活，是否有利于保护人的视力，是否有利于让人缓解疲劳、心情舒畅，是否能给使用者带来良好的体验。如何才能做出真正符合用户需求且能给用户带来良好体验的台灯设计？笔者认为，台灯的设计应该迈入新阶段，即综合考虑人、台灯、光环境而进行系统设计的阶段。

光环境设计，又称照明设计，即对家居中的自然光和人工光进行科学规划和管理（分别称为"天然采光"和"人工照明"），以提高视觉效能、改善光色环境、节约能源。光环境设计将光源、灯具及其发出的光作为一种设计语言和设计创意的源泉，综合考虑灯具的造型、灯具照明的照度、亮度、光色、显色性、眩光等设计因素，发挥人的视觉功效，保障人身安全，振奋精神，提高工作效率，创造环境氛围，给人以美的享受。

一、合理的台灯造型

设计的本质是为人而服务，满足人们所需。台灯设计的根本目的则是为人们提供舒适的光线、合适的光环境，从而满足人们的视觉生理需求以及心理需求，而台灯的造型对于舒适的光环境的创造具有不可忽视的作用，好的台灯造型对于使用者而言是一种视觉享受。台灯一般是用来学习与工作的，台灯的造型设计应在满足实用功能的基础之上，造型与格调尽量追求简单与和谐（烦琐复杂的设计会在一定程度上干扰人们的视线，影响人们的学习与工作），从而为人们构筑安静、和谐的学习与工作环境。此外，台灯的造型还应考虑到与室内家居环境相协调，欧式风格的室内家居环境应选择搭配欧式风格的台灯，新中式风格的室内家居环境应搭配新中式风格的台灯。如今绝大多数室内家居都采用现代主义的设计风格，为此台灯的造型设计应该与该风格相融合：造型力求简洁、雅致、现代，色彩应素雅，材质应给人温暖、舒适之感。

在这方面做得格外出色的是飞利浦公司设计的台灯：飞利浦是家居照明潮流的领航者，它们的设计真正做到了以人为本，它们在设计之前都经过仔细的市场调研和用户研究，因此总是能将用户所需把控得很准。飞利浦的设计师们本着"创新为你"的设计理念，台灯设计充分满足人们的需求，同时积极创新，利用新技术致力于为台灯使用者营造个性化的照明环境，为营造"你"这个主体空间而殚精竭虑。针对现今室内家居的极简主义风潮，飞利浦公司设计了一系列具有极简、现代风格的台灯，从而与现代室内环境做到了很好的相融：造型极其简洁，无任何装饰而又不失雅致；台灯整体色彩素雅、明快；光滑的白色塑料、氧化金属材质的点缀，增强了整个产品的高贵风格，它的设计可谓简洁而不简单。飞利浦台灯给人带来了极致的美学体验，在该公司生产的台灯下进行学习或工作想必是一种愉快的体验。台灯造型的正确塑造是给使用者提供舒适光环境不可或缺的因素。

二、宜人的台灯光线

基于人们对于审美情调以及良好学习、工作与生活体验的诉求，台灯的设计应该将光环境设计理念纳入考量。人们对照明的要求不再仅仅满足于能够照亮这一基本功能，人们甚至希望它能组织空间、限定区域，能产生舒适、宜人的光线，从而增强使用者的学习生活体验。光线环境氛围的正确营造能够给人们的精神状态以及心理感受带来积极的影响：合适的光线照明能够发挥使用者的视觉功效，保障人身安全；生动活泼的光线照明能振奋人们的精神，提高人们的工作效率；舒适优雅的光线照明能给人带来良好的视觉享受以及生活体验。要想实现这些良好的照明特性，在台灯的设计过程中，设计师需要考虑以下设计原则：①合理的照度平均水平。在同一环境中，台灯的亮度和照度不应过高或过低，也不要过于一致而产生单调感。②台灯所产生的光线的方向和扩散要合理，避免产生干扰阴影而影响学习与工作，但也可保留必要阴影，从而使周围物体具有立体感。③台灯光线设计应不让光线直接照射眼睛，避免产生眩光，而应让光源光线照射物体或物体的附近，只让反射光线进入眼睛，以防止晃眼，同时也能保护眼睛、健康生活。④光源光色要合理。台灯光源光谱要有再现各种颜色的特性。⑤台灯设计应让照明和色相协调，营造令人满意的氛围。

台灯更多的是用于学习与工作，其设计应该采用白光照明，选用白光比其他光色更能提高学习和工作效率。台灯设计要注意光的投射方向，以保证人在学习工作时桌面上没有产生干扰的阴影。台灯的光源与工作面要保持一定的距离，这样才不会因工作面亮度太高而损伤视力，可避免因灯光直射眼睛而引起的眩光。另外，除了必要的台灯之外，书桌周围还需要一个稍弱的光源，这样可以使工作区域与相邻区域有一个柔和的过度，不会因为亮度过于强烈而引起视觉上的不适。从左上方投射下来的灯光既能提供工作面上的照明，又能避免光直射人眼而形成的眩光；利用漫射的吸顶灯与放在桌面上的台灯共同完成照明环境的营造。

三、创造智能化的光环境

光源种类及其特性在很大程度上决定了台灯照明的效果，台灯设计的第一步就是要选择光源，光源选择的不同，台灯的造型以及台灯所营造出的光环境也就不同。进入21世纪，人们的环保意识日渐增强，再加上生活的富足带来了对个性化与多样化的追求，传统意义上的白炽灯、荧光灯等光源已经无法满足人们的这些新需求。而LED的发光原理和功能都具有传统光源所无法比拟的优势，其出现对台灯设计及其照明环境的构造产生了革命性的影响。LED灯具有寿命长、光效高、亮度高、体积小、节能、无污染、抗冲击和抗震能力强、热量低及显色性能好等优点，因此采用LED光源进行设计的台灯有健康环保、发光效率高、光色性好、接近自然光、没有频闪灯等优势，使用该光源的台灯会创造出比传统光源更舒适宜人的光环境，置身其中，如沐春风，给使用者带来极佳的体验。当前，LED灯由于成本等原因尚不能广泛普及，但在不久的将来，LED凭借其优势，必将取代白炽灯、荧光灯等传统光源，掀起新一轮台灯设计革命。

创造舒适宜人的照明环境也离不开照明控制技术。台灯的照明控制技术从最初的一开一关的开关控制方式，发展到近些年的调光控制技术。随着人们生活水平的提高以及科学技术的突飞猛进，智能化控制系统已逐渐出现。智能化控制系统主要是基于可见光探测、声响探测、热释红外探测、光敏等传感系统和软件控制技术，通过控制光源和灯具的开关、亮度及颜色，从而达到节约能源、延长灯具使用寿命、创造舒适的光环境及调节气氛的目的。运用智能化控制技术的台灯将会给人们带来全新的照明体验：它将打破传统台灯理念，应用人体智能感应技术自动开关，根据人的需求变化及分析感应区内环境光度值自动调节灯光的亮度，甚至可以根据使用者的偏好，进行亮度、明暗对比度以及光色细节的调控，从而创造出个性的光环境空间，进而为使用者营造出生动、身临其境的视觉享受。

基于LED光源技术，并结合智能化控制技术的交互式、智能化台灯应该是未来台灯的设计发展趋势。两者的结合会给台灯产品带来全新的变革，给人们带来前所未有的学习、工作与生活体验：它会带来合适的亮度，有效避免眩光，没有频闪，对于提高人们的学习工作效率极为有利；它将会创造出更加个性化、多样化的光环境空间，缓解疲劳，陶醉其中，乐于并享受工作、学习；它甚至可以与使用者进行交互，满足使用者的不同需求，成为名副其实的"贴身管家"。阿拉丁全智能台灯正是结合LED光源和智能化控制技术的国内首款全智能台灯：它打破了传统台灯的开关方式，应用人体智能感应技术自动开关，人走近就会自动开启，人离开后则会自动关闭。其方便了使用者，给使用者带来全新的体验，同时也能够节约用电；它具有恒光功能，能分析感应区内环境光度值，自动调节照度，可以有效防止近视，创造合适的光环境；此外，它还附有时钟、温度和湿度显示功能，无频闪、无眩光、零辐射,该台灯设计从多方面满足了使用者的需求,给人们带来了全新的体验。

现今的台灯设计应对人——台灯——光环境进行系统而又综合的考虑,台灯的设计不再仅考虑其造型、色彩、结构、材料、工艺,还要考虑其照度、亮度、光色、显色性、眩光等设计因素,同时又要充分掌握并积极运用新科技、新技术,而基于 LED 光源技术并结合智能化控制技术的交互式、智能化台灯将是台灯设计的发展趋势,其真正做到了以人为本:它关注了人和台灯之间的互动,考虑了台灯使用者的背景、使用经验等相关因素,关注到使用者在使用台灯过程中的使用感受,从而创造了舒适的学习、工作与生活体验,是真正符合最终用户的产品。只有综合考虑以上多种因素,才能创造出合适的光环境以及做出成功的台灯设计。也只有这样,才能真正提高人们的工作、学习效率,为人们带来全新的生活体验。

第六节 生态住宅室内微环境建筑设计

随着生态住宅理念的提出,人们对住房品质的要求越来越高,这也成为建筑行业新的发展趋势。本节以室内微环境建筑设计原则为指导,从光环境、声环境、室内温湿度控制等方面阐述了生态住宅室内微环境的建筑设计,期望为相关研究提供参考。

随着社会经济的不断发展和生活水平的显著提升,人们对生活品质提出了更高的要求,其中居住环境就是重点关注内容之一。在这种情况下,生态住宅的建筑设计理念被提出来,成为关注焦点,有利于促进建筑行业可持续发展。在进行生态住宅设计时,人们更重视室内微环境的设计,生态住宅与室内微环境是息息相关的,二者是否能够更好地相互依存,直接影响着建筑产品日后的使用质量。

一、室内微环境建筑设计原则

满足人们生活需求。如今,人们的生活水平提升较快,随之改变的就是人们的生活方式,生态住宅环境成为新的主题要求,在进行生态住宅室内微环境建筑设计时,全面考量消费者利益非常重要,主要涉及消费者的心理需求、对居住环境的需求等,当然最主要的就是人性化的体现。

考虑到建筑改造性与适应性。为了确保生态住宅室内微环境与居住者需求变化相一致,还需要注重生态建筑的可改造性与适应性。包括实现住宅配置升级、扩充住宅配置等,也是用户日益增长的需求之一。因为周围环境变化太快,所以需求变化自然加快。比如,天台花园的设置,这是居住者想要亲近大自然的一种表现,同时扩大了可活动空间,使得居住者拥有更开阔的视野与放松的心情。

降低施工能耗。生态住宅的建筑理念不仅要满足居住者的实际需求,同时还要有利于可持续发展，也就是节省资源。比如，住宅装修一次性到位，杜绝毛坯房的做法，促进了住宅的一体化设计及其施工，从而最大限度地降低施工能耗，既避免了二次能耗，又节省了时间，一举两得。

保证生态空间内布局和谐。在进行室内微环境建筑设计时，应充分考量生态空间内的布局是否和谐。人们心里的感受与生态空间所呈现出的舒适度有直接关系，其中占主要影响地位的是空间布局。空间布局直接影响着居住者视觉感受的好坏。一般当住宅空间过大时，居住者会感觉室内缺乏温馨感，没有生活氛围；空间如果过小，又感觉过于拘谨。因此，在考量住宅空间时，布局也是一个很关键的因素，设计时必须与居住者的生活行为习惯与规律相一致，既要满足居住者的基本需求，又要体现安全性与舒适性，从而创造文明和谐的住宅生活环境。

注重生态性与艺术性相统一。在生态住宅中，室内微环境设计与生态性、艺术性息息相关。只有尽可能地处理好建筑本身、室内外环境、自然环境三者间的关系，才能使室内微环境体现以人为本，让人感觉到舒适、安全。为了体现生态性与艺术性，建筑产品本身及室内环境必须归于自然之内，只有这样，才能在室内环境中体现出原本只在自然环境中才能体现的艺术性。例如，以建筑基本格局作为衡量基准，进行室内微环境设计时，结合周围环境实际特点，布置一些绿色植物，就能让人感觉充满绿意，给人清新自然的感觉，既能满足人们对室内格局的要求，又能满足审美与健康需求。

当然，除了设计本身以外，体现生态性与艺术性，还要考虑材料是否环保、是否可循环利用、是否节能、是否具有舒适性等。在环保方面，必须考量材料本身是否环保，至少确保材料中不含有危害自然的某些成分。在节能方面，选择环保型的产品，如节能灯、光电板、水具等，为了确保室内冬暖夏凉，可使用太阳光二极管玻璃窗，从而达到节约能源的效果。在循环利用方面，室内生态绿化采取多层次的设计，栽培植物使用腐殖土生成技术、防水处理技术等，入住前，需清除室内所含有的甲醛，以确保室内的环境健康，实现生态调节。此外，改善室内环境还可以充分利用建筑本身可以实现的自然通风，从而将自然生态一直延伸到室内。在舒适性方面，主要以人的感觉为考量因素，采取一定的方式，使得室内空间体现出人性化与方便性。除了以上这些，对于一些特殊群体也要进行人性化处理，比如老年人腿脚不便，可设置一些扶梯；残疾人则应充分考虑其方便性，可设置一些触摸感强的提示标志。总之，应该重视使用者内心真正的需求。

以人为本，注重可持续性发展的设计理念。以人为本可以体现在多个方面，比如个人私密空间、个人社交需求等。在进行生态住宅条件设计时，考虑影响人们身心的各种因素，并进行综合分析，从而构建出和谐的室内生态环境。此外，在进行生态住宅室内微环境的建筑设计时，可融入一些文化与艺术相关内容，以丰富生态住宅内涵，从而达到多种资源共享。

二、生态理念下室内微环境建筑设计

以某高端楼盘为例，小区设置的景观与周围环境完美融合，家家都是花园式的私家庭院，显得非常尊贵高雅。

光环境设计。室内每个角落都要有光线的射入，因为人们根本离不开光线。正是因为这样，建筑室内设计时，必须合理地利用光线，对光与照明进行科学设计，为人们营造良好的居光环境。在进行光环境设计时，应充分考量人与自然的关系。该项目给建筑进行选址时就充分考虑了日照条件及与周围环境是否相互影响等细节。通过多次反复实践，该项目的日照时间可以达到 10 小时以上，而且不同建筑间也符合采光的要求，有效规避了相互间的影响。除了考虑日光问题，还在位于西侧的建筑群体顶端增设了集光器与导光管。

该建筑所设计的通风窗与建筑中庭搭配协调，并充分开发了自然光能利用系统，对于住宅相当有利，特别是白天可以利用到自然光能，有效降低电气照明，节约能耗，与不同季节对室内冷暖的要求相一致，又不会超负荷。对于室内光环境设计，合理规划了室内空间布局，通过窗户最大化地利用自然光源。在天窗选择上，以确保均匀照度为基础标准，以免发生眩光。在室内照明方面，以节能光源作为优先能源。比如，厨房采用欧普灯 MI-KL 型、客厅采用飞利浦灯 HG-2 型。此外，对室内光源的控制方式进行了优化，光源开关采用的是节能性强的多并联控制方式。

声环境设计。恶劣的室内声环境会对人们的生活造成严重影响，不仅降低人们的生活质量，而且使人心情烦躁，长此以往将会危害人们的身心健康。在选址时，该项目避开了噪声区，其周边环境相对清幽。此外，其东侧附近有一个火车站，因此在东侧设置了一个隔声带，种上了一些隔音效果好的树木。在内部设施建设方面，该项目的文化娱乐广场与健身场地离住宅楼较远。住宅内部分设动、静两区，厨房与卫生间使用垂直设计，遵循住宅卧室远离机房、电梯井道的原则。而且，住宅水泵采用的也是最新型的消声系统。墙体所选材料为隔声材料，有效地控制了住宅楼板的噪声。门窗也选择降噪声材料，从而大幅度改善室内整体声环境。

控制温湿度。好的室内热环境会让人感到身心舒适，而且人们所能承受的温度也是有限的，因此必须采取适当方式有效地调节温度负荷。在温度控制方面，该项目主要创造自然风可进出的条件，合理设置通风管，墙体材料使用保温隔热材料，此外，还加入了膨胀珍珠岩或粉刷石膏，从而起到节能的作用。门窗属于建筑中散热比重非常大的部分，该项目选用的门窗是采用新型材料制作的，同时还减小了门窗的孔口面积。空调设备选用的是置换式送风系统，相对湿度也被调节到 50%~60%，有效地避免或减少了室内真菌的滋生，同时利用了清洁能源，如风能、太阳能。

保持室内空气流通。设计室内风环境时，需以自然通风为主。自然风是一种天然风，能够为人们提供最为新鲜的空气，有效地对空气质量进行调整与改善。该项目在进行设计时，注重了空气的流通性。在选址时，对周围土壤中有害气体及放射性物质的含量进行了测定，同时住宅建筑所用材料也通过了质监部门的检测。空气环境控制应用自然通风系统，以降低空调负荷。同时，还增加了室内空间高度，促进了室内的空气流通。在厨房布局时，增设辅助阳台，确保通风。阳台未采用封闭式设计，而是最新的烟风道系统。

  选择适合的家居配饰。生态住宅内的微环境受到人与自然和谐关系的影响，首先应该充分尊重居住者的视觉美感，其次就是体现微环境设计理念。该项目在进行室内格局布置时，增设了许多形态各异的绿色植物及小盆栽，很好地装饰了室内环境，给人以视觉享受。此外，也非常重视植物的摆放，以符合其自身生长的需求。

  我们建议该项目的入住用户使用木质家具，充分利用原生态的美。同时，在客厅多摆些仙人掌、米兰及龙血树，以净化空气；在卧室内摆放紫茉莉、晚香玉及丁香等具有驱虫杀菌功能的植物。当然，所选的绿色植物颜色要与室内整体色调相一致。

  生态住宅室内微环境建筑设计是建筑设计领域的新方向，本节对室内微环境的设计原则进行了全面的分析，并遵从以人为本的理念，结合实例，探讨了生态住宅室内微环境建筑的设计，以达到人与自然的和谐统一。

第七章　现代室内家具设计创新研究

第一节　室内设计中家具设计的重要性

室内设计已经完全融入了人们的生活,而在社会的发展过程中,随着经济的快速发展以及人们对家居环境的要求越来越高,家具设计的重要性也越来越被人们所注意。家具的选择与布局不仅关系着室内空间的使用,还与室内的美感和氛围及我们的内心感受息息相关,因此家具的重要性毫无疑问地展现出来。它可以丰富室内空间,还可以利用一定的空间达到室内空间与家具的完美结合,很大程度上影响了室内设计的品位和风格。本节将从家具的选择、家具色彩、室内空间设计感等方面来描述室内设计中家具设计的重要性。

家具设计体现了人与自然、人与人之间的关系。人们的生活节奏及欣赏角度都在不断地改变,而家居空间形态无论以什么方式在变化,它都为人们搭建了一个和谐舒适的休息空间。家具不仅是室内的摆设,更是对人类的家居生活起着重要的作用。在此,我们先对家具有个初步认识。首先,按照功能来分,可以分为卧室、会客室、书房、餐厅及办公等家具。还可以按照使用材料来分,分为木、金属、钢木、塑料、竹藤、漆工艺、玻璃等家具。除此之外,还可以按照形状和结构来分。室内设计和家具设计都是围绕着"以人为本"的理念来设计的,其根本目的都是满足人们的使用功能和精神需求。所以,家具的选择除了要注重其使用功能外,还应该从室内环境的整体性出发,在统一中求变化,要从家具的风格、造型、色彩、质感和空间关系等各方面进一步探究。

一、家具选择的重要性

在室内的空间环境中,家具不仅可以改善室内环境,也可以避免空间的空旷感,亦可提升空间的层次感。不同颜色的家具可以引起不同的心理变化,不仅能够体现主人的文化内涵,更能体现主人的文化素质。为此,家具本身也是有艺术性的,所置办的家具可以传递很多信息。法国小说家乔伊斯曾提到,18世纪的家具充满曲线和旋卷,使置身其中的女性也因之充满了魅力。当然,选择家具时,除了选择家具的样式,我们也应该考虑家具的类型、款式、风格搭配。

首先我们要了解家具的种类划分。

功能分类：坐卧用家具、桌台家具、储藏家具、展示家具。

环境分类：民用家具、公用家具。

材料分类：木材家具、竹藤家具、塑料家具、金属家具、石材家具、玻璃家具、软垫家具。

不同的款式形成不同的家具风格。在选择家具时，选择不同类型的家具，可以构成不同的艺术效果，这样家具就不仅仅发挥日常使用器具的功能了，如豪华家具造型可由皮沙发、深木茶几、壁炉组成；休闲的家具造型可布置藤编沙发、原木茶几、草编挂饰；现代造型可选布艺沙发、玻璃茶几、抽象画；而复古造型则可考虑使用木沙发、茶几、古玩。在室内设计中利用家具，可以形成多种多样的室内设计风格、高雅清新的文化艺术气氛。

家居风格的搭配形成不同的家具视觉艺术。如果仅仅选择家具，而不懂家具的搭配，那么整体的视觉效果往往是不令人满意的，所以我们可以多去了解家具的搭配，比如家具的大小与轻重搭配，或者东西方的艺术搭配，或者古典与现代的混搭法，在不同的对比下，视觉感更强，魅力独特，焕然一新。在搭配时，可以灵活搭配，创造很多种不同的家居氛围。不过，需要注意的一点是，家具的搭配要与人文气质相符，也要与自身的喜好相吻合。为此，人们越来越重视"以人为本"的设计和储存性家具，如床、角柜、玄关等。

二、家具色彩对室内设计氛围感的重要作用

在日常生活中，不管是穿衣搭配还是家居设计，其实都需要考虑色彩的和谐搭配，对比不可过于强烈，也需要注重整体美。色彩是家具设计以及室内设计不可或缺的要素之一，要想在室内设计中创造出宜人的氛围，就要让家具综合的形、色彩与材料和谐统一起来产生美，这样对营造室内空间的氛围有非常重要的作用。

色彩营造氛围。事实上，人们平时对色彩的感受不尽相同，有些人偏爱淡色，有些人偏爱重色，在家具搭配设计中，色彩的选择也是由于人们对色彩有一定的心理感受与反应效果。甚至色彩符合个人喜好时，直接影响个人的心情。人们可以选择一个主色调，这个主色调一般起主导作用，因此在色彩的用量和面积上占有明显的优势。在选用色彩时，应根据不同的使用功能、环境地区等感情需要去选择。例如，红色，其彩度鲜明亮丽，因此红色调让人感觉比较热烈；而粉红作为红的淡色，有温暖的感觉，显得温馨和谐。用发白的奶黄色来做墙壁或窗帘的底色是最合适的。因为它使视觉开阔，有宽敞的感觉。

色彩协调空间统一。协调很重要，单纯的一个颜色可能不明显，但是室内通常色彩不单一，家具的色彩是作为主色调出现的，所以应考虑背景色（天花板、墙面、地面），但太过协调统一又会使空间在视觉上显得平淡无奇、在心理反应上产生发闷、呆板、单调的感觉，所以应对室内整体环境色彩进行总体控制与把握。在充分考虑室内总体色彩协调统一的基础上选择、搭配好家具的色彩。

三、家具造型对室内设计空间感的重要作用

家具对室内环境的影响是重要的。家具与室内空间设计是绝对对立又相互统一的,但在一定的条件下二者才能统一。也就是说,家具设计与室内空间设计是一对相辅相成、辩证统一的矛盾关系。如在博物馆或者陈列馆里,一个设计独特的家具往往与馆内的空间环境是不搭的,它是一种特殊情况,设计师不可能违背设计原理,按照已有的家具来限定空间。在室内设计中,不太搭的家具设计也是一个新颖点,它为空间添加了一抹特有的色彩。

家具在建筑室内环境中有组织空间的作用。由于在现代社会中,人们的活动越来越多样了,不同的家具搭配可以有不同的活动空间,可形成不同功能属性的空间。目前,人们对功能完整独立要求相对较高,有卧室、客厅、书房、餐厅、厨房、卫生间等,这都要求用不同的家具来满足需要,而且要与家具整体搭配合理,并且追求良好的视觉效果,这是设计师也是每个居家人的追求。这符合人类社会的进步发展,也符合人类思想文明的进步。

家具在建筑室内环境中有分隔空间的作用。现代建筑物的样式多,结构新颖,内部空间利用率也在提升,对空间利用的要求更高,这就要求家具构件更加灵活来配合空间分配,无论是办公室、公共建筑,还是家居空间,采用灵活性较高的家具构件来自由组合成各种功能家具,可以很好地安排和分割空间,以满足人类日益增长的需求。在如此分配,充分利用空间的前提下,也可以提升视觉效果。

家具在建筑室内环境中有识别功能的作用。任何建筑物包括办公楼、公寓楼等,如果内部空空如也,那也是毫无美感和利用率可言的,只有通过空间分割和家具设计才能体现出建筑物的功能与价值。通过对建筑空间中家具的正确组织、搭配及设置,可以将空间分割为相对独立的区域,如办公建筑物中的各个部门、人事部、销售部、经理办公室等,这就发挥了不同的功能属性。经过家具的搭配、组织,可使各个功能空间在视觉和心理上成为具有符合美的法则的有序空间,避免了凌乱感觉。因此,空间的实际使用价值可以说是通过家具来表达的,家具是空间功能技术活动的决定者。正确地选择设置、搭配家具,可以为空间赋予风格各异的环境视觉效果和艺术品格。如空间里面布置了沙发、电视柜、茶几、陈列柜后,使用功能就是会客厅,是公共空间;类似功能空间大小,布置了床、床头柜、梳妆台、衣柜,其功能就变成卧室了,属于隐秘的私人空间。家具摆放的种类不宜太多,够用就行。另外摆放时要避免杂乱之感,尽量不要堆放杂物。餐厅作为人们用餐享受的地方,好的餐厅讲究布局合理,现今许多家庭的餐厅格局都是固定的,这就注定了餐厅家具的摆放是有一定的空间限制的。餐厅家具摆放最重要的就是方便,便于清洁。在餐厅家具与家具之间应留出足够的活动空间,餐厅家具与餐厅的格局应紧密联系。

综上所述,设计师可以通过利用美的视觉、空间利用率、功能划分等手段,在建筑物

空间中合理放置家具，从而在价值较低的室内设计中创造出合理搭配、视觉舒适、符合人们心理健康的空间，家具在这一过程中，发挥了至关重要的作用。因此，一定要合理地进行家具设计，布置家具。温馨舒适的家居环境对于我们的生活和工作非常重要，更重要的是，在如今社会压力大、社会生活节奏快的大环境中，我们只有创造出属于自己的小环境，才能在忙碌之余获得更多的释放和愉悦。家具设计，对于室内设计以及人们的生活工作都起着关键作用。今后，相关人员要充分做好该类家具设计和选取规则的研究工作，在当代人物质和精神生活需求得到同步满足的基础上，促进室内设计工艺的可持续改革与发展进程。

第二节　室内设计风格与家具的搭配关系

室内设计是以人在室内空间的活动为基础，以建筑提供和限定的空间为范围，以工业、科技、手工业等生产的物质产品为资料，以历史文化、自然环境为创作资源，从满足使用者的功能需求出发，以审美的角度对室内空间环境进行设计的一种创作生产活动。室内设计指在创造合理、舒适、优美的室内环境下，以同时满足使用和审美的需求，其内容涵盖面广，科学与艺术性强，不仅包括专业的技术技能，还要求设计师具有高度的艺术修养，并有及时解决处理实际问题的能力。

本节从室内设计风格入手，讨论家具与室内设计的风格的关系，将简约主义风格在设计中体现到位，并对简约风格的设计要点进行总结、归纳、整理和分析。

一、家具和室内设计的和谐统一

风格的统一。纵观室内设计发展史，有什么风格的室内设计，就有相同风格的家具与之匹配。起始于20世纪20年代荷兰的风格派，是以画家P·蒙德里安（P.Mondrian）等为代表的艺术流派，他们对室内设计和家具经常采用几何形体和红、黄、青三原色，间或以黑、灰、白等色彩相配置，色彩和造型方面特征、个性鲜明。

各民族不同风格的室内设计，也有其各自风格的家具。中国传统的室内设计深受儒家哲学、礼仪思想的影响，几乎渗透到生活空间的每一处。室内设计充分体现了社会的伦理价值观念和等级观念。宫殿是庄严肃穆、金碧辉煌的，百姓人家是淳朴自然、不事雕琢的。家具的布置讲究方整、规则、对称，形成与社会等级相符的特定的室内气氛。同时，从室内空间功能的合理性、家具宜人的比例尺度也可看出古人对"天人合一"境界的追求。

功能的弥补和完善。对于室内设计中由于空间界面的确定而造成功能的不足可由家具来弥补。在一个大的室内空间中，往往会根据需要划分出一些小空间，家具是最灵活的方式之一。屏风是中国传统建筑室内空间分隔的主要手段，至今人们还可以在中餐厅里看见用屏风来划分不同的用餐区。既可保证不同区域相互间不受干扰，又可在不需要时很方便地撤掉形成一个大空间。格拉斯学派的代表麦金托什设计的高背椅，在就餐时自然形成一个高 135 厘米的矮屏障，减少了空间尺度，密切了餐桌上的家庭气氛。

室内设计中的亮点。完美的室内设计应能营造一个视觉中心，就好像一幅图画中的亮点，给人以强烈的视觉冲击，成为室内空间中的标志，从而成为视觉的焦点，反映室内空间的特性和点明空间的主题。家具通常是设计师的画龙点睛之笔。例如，中央电视台《读书》栏目中，主持人所用的茶几，其支架为双螺旋线形，看似人类基因的 DNA 结构，有"科学"的含义，也暗示着此节目与人相关；它又像升腾的阶梯，可以理解为"书是人类的阶梯"的非语言表达；每个节点结构紧凑、到位，意味着学识的逻辑严谨。这个茶几无疑是整个室内设计的视觉中心，也用它的形体语言点明了空间主题。

二、家具和室内设计的互相制约

室内设计对家具的制约。空间大小由外部建筑环境决定，并不是每个界面都可以根据室内设计随意更改，因此制约了家具的选择。室内设计应充分考虑空间大小，选择及布置家具。在一个较小的空间内，家具尺寸不宜过大，否则会使原本不大的空间显得更沉闷、压抑。家具的布置可采用悬吊式，如厨房的吊柜；嵌入式，如衣柜。尽量减少家具密度，提供人们更大、更方便的活动环境。而在一个大的空间环境中，家具尺度要相应增大，以削弱大空间给人们带来的空旷感。尺度较小的家具，与大的空间环境形成强烈反差，整个室内气氛会很不协调，感觉很突兀。

每一个室内设计都体现一个空间环境的特定使用功能，家具必须根据这个空间的功能来选择，考虑到有助于室内功能的实现，人们通常会在卧室里摆放一张躺椅，因为卧室私密性强，躺椅可以让人很放松、很舒适地躺着。但是如果把躺椅放在一个公共场合，如商场、办公室，则会显得很不合适。同样是椅子，人们应根据不同的空间去选择。

家具对室内设计的制约。由于现代家具趋向于批量化生产，家具设计者只是设计出某一风格、系列的家具，无法具体考虑到某一室内环境的需要；而室内设计相对是个体行为，因此在进行设计时必然得考虑如何与现有的家具相结合，最大限度地体现设计者的思想及使用者的个性需求。

三、如何驾驭家具和室内设计

室内设计的过程犹如冲洗照片的显影过程——由近到远、由主要到次要、由轮廓到每个细节。设计者面对一个空间环境，首先是有想法，定出基调。其次开始进一步设计：什么风格的室内环境，搭配什么风格的家具；家具采用何种摆放形式，什么位置摆放什么家具。再次是室内材料、色彩的选择，同时家具的质地、造型、色彩也应该基本确定了。最后是更具体的细节，直至一个完美的室内设计完成，就像一张照片有山有水、有近景有远景、有拍摄的中心、有拍摄的背景，完整地呈现于人们眼前。因此，家具应是室内设计的一部分，有机地融入空间。

摆在设计者面前的一个难题，即思考的关键在于家具设计如何与室内设计更好地结合，使家具和特定的空间环境成为一体，更好地满足人们的使用功能并营造美的生活环境。

首先，人们的想法不应局限在单纯的室内和家具设计上。现在各学科领域之间都是相互交叉的，应尽可能广泛地涉及各相关领域，从中得到启发，拓宽知识面、开阔眼界，从而有更广泛的思路。比如说心理学，由于室内和家具设计服务的主体皆是人，因此研究人类心理就显得尤为重要。老年人和青年人的心理需要是不相同的，他们都要求相对独立的空间，前者考虑到其行动不便，对室内空间做适当改造和细部设计，装置、家具等采取圆形线脚，厨房、浴室的地面采用遇水不滑材料，必要的地方设置有效防滑垫。后者居室布置要充分显示其学习或工作特点，照顾到男性和女性心理、专业不同的需要，有的需增大工作台面或藏书格架，有的要设置计算机或音响设备；男性要求设置收放体育用品的家具，女性则要增设梳妆台等。

其次，建筑、室内、家具设计是一脉相承的。尽管现在国内的设计者大部分只是从事其中某一方面的工作，但这三者的设计应成为一条主线，不应把这一体系割裂开来考虑。国外一些著名的家具设计师，他们同时也是从事建筑和室内设计的。任何一个设计都有明确的功能和目的，建筑、室内、家具便应综合考虑如何才能在功能和艺术方面达到较完美的结合。

国内的家具设计者应主动向建筑和室内设计靠拢，尽可能多地掌握建筑和室内设计方方面面的知识，并在进行家具设计时，结合考虑建筑外部、内部空间环境。最后，不断探索新技术、新材料以满足人们越来越高的需求。人们是否可以设想一下，将电脑芯片置于室内界面和家具内，而电脑芯片里存有人的记忆，这样便可根据天气、人的心情来调节室内色彩、温度和湿度。材料方面，人们是否可以用纸来代替现有的木材、钢铁等材料。一方面纸的质量较轻，另一方面纸是可回收利用的绿色材料。人们可用纸做成折叠式或可拆装式家具，在不用的时候，可卷起来放在一边，减少占地面积。用纸做室内装修材料，人们可在短时间内根据自己的喜好变换不同的造型、色彩。总之，只要人们大胆地去想、去尝试，就一定会有新的收获。

第三节　简约家具的室内设计与装潢

简约已成为理所当然、无可取代的空间风格主流。这种风格的特点是注重居室的功能，家具造型简洁、少装饰，通过家具、吊顶、地面材料、陈列品甚至光线的变化来表达不同功能空间的划分。

随着室内设计多元性的出现，"简约"已成为室内设计风格的主流。其特点是注重居室的功能性，家具造型简洁、少装饰、做工细致等，体现出高度工业化产品的简练细致，有很强的个性，尤其受到年轻人的青睐。让家庭居室融入思想、融入个性，在不断变化的风格潮流中永远保持自己的特色，实现设计以人为本、为人服务的最终目的。家居设计不是简单的基础施工，它应在设计时体现居住者和设计师的思想。设计布局结合居住者的生活发展有一个整体规划。

一、现代社会对家居的四点要求

资讯化、电子化以及居室办公化的延伸，使我们的生活内容更便利也更复杂，而个人与生活意识的张扬，使住宅更多地担负起诸如工作、休闲、娱乐等重要功能。因此，居室设计在未来几年内，如何让居住者在生活中享受工作，在工作中快乐生活，成为重要课题。分析后可以得出以下四点：第一，满足使用要求。第二，符合经济实力。第三，合理布置环境。第四，适当艺术点缀。

满足使用要求——实用性。家居设计应以人为本，以物为末，从功能上区分各个房间的使用程度——客厅的地位和作用将日益突出，小房间大客厅已成趋势。卧室的功能日益单纯，是个人的隐秘活动和消遣休息的场所。符合经济实力——经济性。室内布置以舒适、实用为主，标准高低，因人而异，量力而行。设计师将根据你投入费用的多少来进行相应设计。合理布置环境——科学性。合理布置环境，以符合人的生理需求和审美需求。灯光照度的大小、光源的投射角度、灯具的造型等，是环境布置的重点；家具的式样、流线、造型、色彩的搭配等，是环境布置的中心。适当艺术点缀——艺术性。

二、现代家居设计的特点

随着设计风格的变化，家居装修市场渐趋成熟，家居装修也渐趋理性。要营造真正有特色的现代风格的居室，追求的是空间的实用性和灵活性。空间组织不再以房间组合为主，空间的划分也不再局限于硬质墙体，而是更注重会客、餐饮、学习、睡眠等功能空间的逻辑关系。

餐厅既是独立空间，但又必须与客厅和谐统一，于是就利用原本的梁做了区域性的两个吊板，因为整套房子以欧式风格为主，所以采用十字形车轮配以豪华石膏线，餐厅的视觉空间就有了鲜明的体现，中间配一盏欧式铸铁工艺吊灯与门上的铁花遥相呼应，一套工艺装饰酒柜、一张线条简单的丹麦式餐桌，几套精美茶具，几个工艺品起到了画龙点睛的作用。

儿童房采用色彩纯度较高的玫瑰色，色彩纯美，体现了孩子天真烂漫的性格，简单的窗帘，以白色为底，衬托着家具，使房间和谐大方。

在装修选材上不再局限于石材、木材、面砖等天然材料，而是将选择范围扩大到金属、涂料、玻璃、塑料以及合成材料，但随着人们的环保意识的增强，绿色材料将越来越受到现代绘画流派思潮的影响。通过强调原色之间的对比协调来追求一种具有普遍意义的永恒的艺术主题。装饰画、织物的选择对于整个色彩效果也能起到点明主题的作用。

三、室内设计的形式特征

简约设计的表现形式是因为人们的感知方面和视觉审美的构成秩序感形成对整体设计的"量"和"形"的简约设计。其次,室内设计作为一种商品,设计原则是以不损害其实用功能为前提的。表现室内各部分的功能,以其功能而不是形式为设计的出发点,讲究设计的科学性,注重设计实施时的方便舒适效率,并突出设计时的经济原则。

以最低的开支力求达到最大限度的完满性。因此简约设计表现了室内各个空间的设计原则,它能对室内各功能以及附属陈列用品所表达的内容尽可能地减少其造型构成因素、单纯结构因素、装饰要素、轮廓造型要素、细节造型要素、风格要素等等,以达到表现一种比较稳定持久的视觉形态,同时在满足部分功能要素的前提下,追求视觉审美要素,力求达到提高审美效果之目的。简约设计在现代室内环境艺术设计中的具体运用是针对其整体及各局部对象的简化过程,可归纳为4个方面:

1. 风格的简约。室内设计领域内的极少主义风格,要求设计师所赋予空间特性的语言形式不能超出要达到一个特定语意所应该需要的"框架与范畴",通过对室内空间自身属性和基本要素的"整理"及"显现",表达设计的思维与意韵。只有这个意义上的简约,才能创造出审美的效果。室内环境艺术所需要表达的整体风格应摈弃一些无用的装饰符号与细节,提取出生活中的纯真与艺术精粹,重塑空间中的整体空间气度和丰富层次及自然流畅的形式氛围,形成比较统一协调自然处于单纯状态中的视觉审美感,即简约的情境与基调。如室内的家具陈设等均可以创造出丰富的空间层次。根据设计与使用的视觉心理需要,可以通过空间透视的视觉效果,而非造作的表现来体现空间的精神内涵。

2. 量的简约。室内环境艺术设计中所包含的空间尺度与体量以及与之相关的各要素,均强调一种自主性特征,即只强调整体,取消一切分散注意力的细节。在空间的构成关系上,多采用非关联构图形式。极少主义设计创造的是一种具有透明性特征的空间样式,没有远景、近景的差异。如果把空间看作是一个透明的画布,那人们可以从不同的方向感知到相同的空间景象。

3. 视觉审美及心理上的简约。视觉及心理上的简约设计是一种"质"的简约,构成室内造型的成分并没有减少,而是将其进行合理的重新整理组织归纳,从无序走向有序,使其具有简约且符合人们审美意识的性质。自然界各种有生命及无生命的形态均是自然发展规律和原则的最优化、最简化、最经济化的组合。因此人类无论从概念上还是从心理上,接受这种最简单化和最优化的形态和样式是一种先天特征,即最"简约"合理的形式易于人们的心理与情感的感知和体验。

4. 功能简约。在室内环境艺术设计中,机构与功能的和谐性与实用功能的完美结合是简约设计的一个重要内容,是工业文明下的新的表达方式,表达的是形式服从功能的理念。

因为传统艺术的精致烦琐难以适应现代文明，追求简捷有效却功能齐全方便舒适的简约设计也就成为新时代的品位。

室内设计在商品经济、科学技术、电脑制作、新生材料的影响下派生出来的新面孔，就如同工业革命后生产的工业产品一样，批量生产、千篇一律，具有强烈程式化和矫饰化而唯独缺乏最能感染人的个性化特征与文化因素内涵。所以，要改变这一情形，使室内设计走上一条健康、有序、理想化的发展之路，室内设计活动的焦点就应该聚集到观念性的转换上来，接受更多的艺术的观念性因素的影响，而非简单的形式、材料的探求。

探索中国现代室内设计发展方向问题，我们应当在传统和现代两个方面深入研究，以形成自己的明确的设计理念，把握住时代的特点，创作出具有鲜明时代性的崭新的作品。

第四节 室内家具设计的人性化

家具作为人类生活的基本物质基础，与建筑物一起体现着人类文明的进步和发展，任何一件家具都不能离开它所处的具体环境而独立存在，它是建筑和人发生关系的中介物质，通过形式和尺度在环境空间和个人之间成为一种过渡，达到人类工作和活动中舒适和实用的要求，这就需要人性化的设计。本节以家具设计为对象，从各个角度对人性化设计进行阐述和分析，把人体工程学与家具的尺度关系和人性化家具的设计要素结合，把人性化的理念提到更全、更新一层。

人性化设计是人体工程学与美学的设计，强调精神与情感需要的设计，是人与自然完美结合的和谐设计。随着社会的发展、科学技术的进步以及生活方式的变化，人们对家具的要求也越来越高，过去人们强调家具的功能和造型设计，而如今人们更注重家具的人性化设计。人性化设计在满足人们的生理需求的同时，也赋予其审美、情感、文化和精神等方面的含义。人性化家具是"以人为本"，让消费者使用起来更亲切、舒适。设计师在设计家具的时候需要关注人们的心理，不同家具的造型、色彩、材质和尺度会引起人们不同的心理效应，产生不同的工作效率和生活质量。家具设计师在设计家具时需考虑这些设计要素，使家具产品更具人性化，满足消费者的需求。

一、人性化家具设计造型要素

人性化设计在家具造型设计中体现为：在符合人体工程学的前提下，充分利用各种有机曲线和几何图形来设计出舒适、美观的家具。不同的家具形态会使人在使用家具时处于不同的姿态。因此，舒适性是家具形态设计的关键，也是家具设计达到最完美功能的必要条件。如坐式家具通常采用实验性坐具器械与人体模特相结合，按照人的真实感受来修改设计。在考虑一些特殊的人群和行动不方便的病人、老年人时，可将其设计成可倾斜活动的座椅，以适应他们半躺半坐的姿态。

家具造型中的直线与曲线、方形与圆形、轻巧与稳定均可引起不同的心理效应，设计师可以将这些元素适度搭配，既符合造型法则，又符合美感，让人得到一种心灵享受。

二、人性化家具设计的色彩要素

家具的色彩设计离不开室内环境的整体氛围，它是构成室内空间色调的主要因素，不能单件孤立地考虑，必然是成组家具与室内环境色彩的配置设计。家具色彩在服从功能的前提下，与室内环境空间的色彩应统一，在统一的基础上进行变化。

色彩作为一种客观物质在人们视觉中的反映，时时刻刻在影响人们的生理和心理以及情感意识。人们对色彩的喜好是复杂的，对色彩的感情联想因人而异，年龄、性别、文化修养、信仰、社会意识以及所处的地理环境的差异都会导致人们拥有不同的审美观。如性格活泼的人偏爱鲜艳色，性格沉静的人比较喜欢淡雅色；年轻人喜欢对比色，儿童喜好纯色，中老年人钟爱调和色等。因而，对于个人或群体审美比较一致的使用空间，应在考虑使用者对色彩的喜好的基础上，选择家具的色彩。

三、人性化家具设计的材质要素

材料是构成家具的物质基础，是家具艺术表达和与人交流的承载方式之一，体现出家具产品的设计思想。

家具材料的不同带给人视觉和触觉上的感受也不同。木材纹理的美感从密到疏、从曲到直，层次的渐变回转，有着优美的旋律以及柔和温暖的色彩感觉。大理石或浅或深的天然色泽，或聚或散的纹理造型也无不显示着自然的美感和魅力。触摸家具材料时会有粗糙、光滑、坚硬、柔软等感觉。在进行家具设计时，与身体接触的各种家具都应避免有生硬、冷冰、尖锐以及过分光滑或过分粗糙的触觉。

人们通过视觉和触觉会感受到各种不同材料间的生理与心理感觉，看到石材、金属和玻璃，就会产生力度很重的感觉。同样这类材料由于它们表面很光滑，又能给人一种尺度很大、庄严的感觉。而木材、竹藤、棉麻与海草类物料具有温和朴素的质感，蕴藏着人造材料无法替代的心理价值，用这些材料制造的家具就很自然地给人温暖柔和、真诚的亲近感，这体现了现代高科技与传统文化的人文关怀的共生。在家具设计中，设计师应运用材料质地的对比手法，获取生动的家具效果。

四、家具人性化设计的尺度要素

任何家具在其使用功能中都与人本身发生着各种各样的关系，所以设计师在家具设计中必须结合人体工程学来进行设计。首先要对人体的结构及尺度有所了解，在其设计中，必须结合人体尺度的要求，进行综合考虑。各种类型的家具都会涉及尺度问题，最基本的原则是让家具尺度适合人的尺度。

座椅有座高、座深之尺度，为让其适合大多数人，往往以标准尺度为主要基准。床具有床宽、床长、床高之尺度，床高以适合坐的动作为主，床长则应保证不能"悬臂"而卧，床宽则保证不因正常的翻身而落于床下。台、桌类家具的尺度视其功能而定，能适合使用者和容纳必需品是基本要求。

在家具尺度方面，考虑到不同人的尺度关系，家具设计中常采用"可调节"尺度的方法来解决。例如，高度可调式座椅、沙发、床等，可自由随意调节，满足各类人士的需求，对于我们都是很不错的选择。

综上所述，家具人性化设计就是"以人为本"，人性化家具设计必须综合考虑家具的造型、色彩、材质和尺度等各种因素的相互作用，努力创造人与人、人与家具、人与环境、家具与环境之间的和谐关系，从而极大地提高人们的生活品质和品位。总之家具设计要与人、环境有机结合，充分体现"人——家具——环境"的有机统一。设计师也应当从这些反馈信息中进行分析总结，以进一步完善设计，体现人性化的特质。

第五节 中式传统吉祥纹样与室内家具设计

我国传统吉祥纹样是华夏文明的艺术产物，它的存在代表着中华文化厚重的文化底蕴。传统吉祥纹样随着时代的交替而不断发生变化，中国传统文化成为世界的一种独特体系，这一体系融汇了中华上下五千年的历史结晶以及五十六个民族的文化，与此同时也体现出华夏文化浓厚的历史底蕴与神秘感。在寻常百姓家，中国传统的吉祥纹样是家家户户都可见的东西，人们用吉祥图案来装饰房间，以此来讨个吉头。随着现代人对生活品质的要求日益提高，中式传统吉祥纹样的应用也逐渐变得新颖。本节就将着重讨论中式传统吉祥纹样在现代室内家具设计中的应用，从它的含义、实际应用等方面展开详细的论述。

越来越多的国人喜欢在家中放一些有中国民族特色的，具有中国文化底蕴的家具，而在家具上体现一个民族文化内涵的工艺有很多，其中一个就是装饰纹样，因此也就有了中国传统纹样在室内家具设计上的应用和创新。

一、中式传统吉祥纹样的文化内涵

传统吉祥纹样是指由多种多样的图案组成，具有吉祥寓意的装饰。它起源于商周时期，唐宋时期迅速发展，形成各式各样的吉祥纹样。到了明清时期，传统吉祥纹样的发展达到了一个最为鼎盛的时期。从人文精神的角度来说，中式传统吉祥纹样作为一种具有时代感的装饰纹样，反映了人类对世界的认识和求知的过程，这些传统纹样的吉祥主题，涵盖着中国传统文化的众多内容和人文主义精神，有着形象与精神并重的特征。尤其是吉祥纹样常常蕴含着人们对美好生活的希望和向上的精神，如我国的传统吉祥纹样"祥云"就是典型的例子之一。它来源于我国古代的云纹。风卷残云，大自然中的云，变幻莫测，古人出于对云的敬畏之情，在纹饰上推演出各式各样的和云相关的纹样，并将其运用在器物、服饰、建筑等之上。同时云纹样也有着许许多多美好的寓意，人们对云的敬畏，表现出了人们对美好生活的向往和对天地的美好祝愿。随着时代的变迁，在当今的社会中，这些纹样仍然具有十分强劲的生命力，这些纹样运用像、谐、喻等手法包罗自然万物，赋予其更为丰富的寓意，使其更加符合中华文化的需求，并使之融入我们的日常生活当中。从审美艺术的角度来说，不同的吉祥纹样有着各自的特色。古时候，人们常常将飞鸟走兽作为吉祥纹样的创作来源，将民间故事融合在吉祥纹样的设计当中，这是因为古人对大自然有一种崇敬之情，古代科技不像当今社会这样发达，人们能否吃饱、穿暖，更多的是取决于大自然，因此古人常常认为自然养育了世间万物。为了祈祷生活变得更加美好，古人还常常进行各种祭祀活动，杀猪宰羊，摆酒设席，以此来表示对天地的敬畏，祈祷来年风调雨顺、五谷丰登。也正因如此，最终为世人呈现出精妙绝伦的纹样图案。

二、当代传统吉祥纹样的发展状况

汉字纹样是中华传统文化的重要组成部分，对每一个中华儿女的审美情趣都有着深远的影响，并且有着一种特殊的艺术价值。现如今，中国传统吉祥纹样仍然受到人们的热捧，在平面设计、室内装修、家具设计当中都可以看到它们。如在传统中式风格的家具设计当中，"鱼""仙鹤""松柏"等传统吉祥纹样元素尤为常见。在现代许多室内设计的设计案例当中，"中国风"常常被当作一种主题运用在当代设计之中，也正因如此，传统的吉祥纹样才会被应用其中。在室内的木质家具上，常常会有各式各样镂空雕刻的吉祥纹饰。但是，中式传统吉祥纹样在时代的发展中也常常表现出许多不足之处，比如在现代的设计中，对其使用就比较缺乏创新，对称均衡是现如今传统纹样运用的一种主要手法，四平八稳，色彩上更多地会采用更为朴素稳重的颜色，材质上较为单一，总体上呈现出一种沉闷感。当今社会，随着新型技术和新型材料的不断涌现，传统吉祥图案的应用也应该一改过去传统的应用模式，在深入领悟传统艺术精神的基础之上，设计出更具时代特色和民族个性的现代室内设计作品，同时在设计中融入不失国际认同的时代精神。

三、传统吉祥纹样在现代家具设计中的应用

现代风格与中式风格的结合。随着现代设计技术的提高，中式传统吉祥纹样已经逐渐成为现代中式风格设计中最重要的组成部分。现代中式风格设计常用于室内设计当中，包括门窗、家具等领域。尽管在当今的生活中，人们并没有因为时代发展的原因忘记中国传统家具的那种特殊美感；与之相反，还出现了将传统家具的纹饰与现代家居融合的现象，

形成了一种新中式家具。这种新中式家具运用传统的雕刻、镶嵌、涂饰等设计手法给世人展现出了极高的造诣，在这个与时俱进，讲究创新发展的年代，这些纹样在装饰家具的同时也承载起了这个时代人们的精神寄托。传统吉祥纹样一直以来就是我国传统文化的瑰宝之一，人们将它与现代产物相结合，延伸和创新了传统吉祥纹样的使用领域。在家具设计中，传统吉祥纹饰的应用范围十分广泛，如运用时下最为热门的激光雕刻技术或者3D打印技术，把这些极具寓意的图案雕刻在木板或其他物体之上，再加以各式各样的装饰，制造出各式各样具有文化内涵的艺术品。这些图案形状各异，除了常规形状以外，还有许多不规则的形状，从中体现出一种特殊的美感。在雕刻完的木板上发现它的古典美感。特别是将这些形状各异的图案运用一些手段，使之合理地组合在一起，形成一种美好的寓意，将其挂在室内，增添一种古典、优雅的视觉感受。

例如，新中式风格在传统中式风格的基础上，吸取我国传统文化的精髓，对其加以创新和改进，同时摒弃一些陈旧的东西，改进一些需要创新的东西，并融合现代设计中的主流文化，形成了一种新的风格，我们叫它新中式风格。但是在追求创新的过程中，我们一定要注重追求其内在的神韵，如果只注重其外在，华而不实，而忽略其内涵这是远远不够的。譬如设计师将回纹元素融入室内家具的一些金属饰件的设计当中，在严格遵守其有序的结构规则的基础上，设计出极具理性的现代金属饰品，把现代金属元素与中国传统木材相结合，恰如中国传统文化与现代文化的撞击，使之展现出一种自然朴素之美。在融合当代艺术、迎合时代潮流的同时也将我国传统文化的精髓传承下来，为后世带来更多的价值。

直接使用传统吉祥纹样。从我国古代开始，勤劳智慧的古人就已经创造出了璀璨辉煌的民族文化。中国传统吉祥纹样中有许许多多的元素是依据现实生活的图像演变而成的，譬如动物纹样中的龙凤、虎、麒麟、仙鹤，植物纹样中的莲花、牡丹、竹子、菊花，人物纹样中的门神、寿星，符号纹样中的如意、八宝，文字纹样中的八仙贺寿、大富大贵等。人们运用绘画、雕刻等传统的方式将其应用在家具用品上，既增加了美感，又体现了古代劳动人民的智慧。

作为一种日常生活器物，家具除了满足人们在起居生活上的需求之外，还体现了一种内在的艺术价值，那些经验丰富的设计师常常运用雕刻、镶嵌等设计手法将具有美好寓意的纹样运用在家具之上，而那些雕刻在古典家具上的纹饰是现代艺术和传统的完美结合。

再如，中国传统八吉图案之一的回形纹装饰。它的前身是云雷纹，图案呈圆弧形卷曲或方折的回旋线条，以连续的"回"字形线条构成，表达了源远流长、生生不息、九九归一、止于至善的中华民族优秀文化精髓，"中国"两个字就是从回形纹中变形而来的，同时，回形纹也是自古以来常用的一种装饰纹样。随着时代的发展，在现代室内设计当中，回形纹的应用方法与日俱增，从最开始的直白法，到后来的重构法、隐喻法，都为回形纹样带来了更多的演变空间。我国古代南梁时期，皇帝和躬亲大臣所用的几案、床榻、座椅等家具以及四周的墙体等都会出现回形纹。

传统吉祥纹样的现代创新。如今随着社会的不断发展，文化也呈现出一种多样化的态势，人们越来越喜欢带有传统文化色彩的古典家具，在当今时代传统纹样的神韵被保留在一些优秀的家具设计当中，以此为基础，避免装饰纹样的过量添加，确定一种纹饰作为主要装饰，在对家具进行装饰与设计的同时融入现代先进的技术手段和色彩法则来体现其现代美感，使之能够更好地应和当代主流文化。这些装饰纹样无论添加还是删减都不会影响家具的造型和结构，而是让其装饰与结构进行完美结合，使现代家具更显简约美观，更具舒适性。当代一些设计师通过改造的手段，把简化的纹样抽象化，甚至还可以在设计当中融入一些西方的元素，线条明快，结构科学，比例适度。例如，寓意春光长寿的山茶和绶带鸟、代表举家欢乐的菊花和黄雀、有功名富贵之意的牡丹和雄鸡。这些传统符号不仅在现代生活中运用十分广泛，更重要的是将传统文化的精华传承了下来。

关于中式传统元素在现代家具设计中的应用，现如今更多的是通过对传统家具的装饰符号进行浅层次的修改，主要还是模仿传统家具，然后将其进行重组，并没有什么创新和变化。从中国的家具设计行业中可以了解到，对传统的吉祥图案或是中国元素的应用，出现了一种传统图案与现代设计之间紧密联系的趋势，把漫长历史历练后的传统吉祥图案进行拼贴或者变形，从设计上表达出一种历史的厚重感。

中国传统吉祥纹样已经成为现代家具设计中最重要的部分之一，中国传统古祥纹样的加入丰富了现代中式家具的设计。但是，在传统吉祥纹样的广泛应用过程中，仍然出现了一些问题，如传统吉祥纹样的运用较为陈旧等。在现代室内和家具的设计中，传统吉祥纹样的运用上要有创造力，要把一些新鲜的血液融入其中，在不变之中寻求万千变化，扩展其可用空间，在色彩上寻求亮点，带来更多的生机和活力。此外，还可以在材质上使用新型材料，形成新与旧的鲜明对比，从而在与时俱进的基础上又不失传统美感。

第六节 立体构成在室内与家具设计中的应用

目前，我国设计领域发展迅速，在室内设计和家具设计的过程中，运用一些先进的理念更为重要。立体构成在室内设计和家具设计的过程中，有助于科学的设计，从理论层面上加强立体构成分析中的实际应用，促进优化室内设计和家具设计。

一、室内及家具设计中立体构成的特征及原理

室内及家具设计中立体构成的特征分析。室内以及家具的设计在当前是人们生活中比较常见的，随着时代的进一步发展，设计的理念以及模式层面也发生着变化，一些新的设计理念在实际生活中得到了广泛应用。立体构成是构成主义中的一个重要分支，构成主义对工业文明成果有着赞同，比较突出的就是机械结构方式的应用，在设计过程中常常会将

结构作为设计的基础点，从而结合实际对功能性以及结构的科学选取等，这样就能在现代化的立体构成设计层面发挥积极作用。立体构成设计中对几何变化以及穿插方向等比较重视，对三维空间的形式结构设计有着追求，通过视觉规律的原则遵循，在实际设计中能得以优化。

室内及家具设计中立体构成的原理。立体构成能对人的空间想象力以及造型创造力进行有效培养，三维空间当中的立体造型元素比较多样，通常是结合形式美的相关原理进行创造个性以及有审美价值的立体形态空间。在室内以及家具的设计中，通过点线面的结合应用，对立意独特以及艺术感染力能有效呈现。立体构成对室内空间中的构成有优化作用，同时也有利于立体构成的知识延续及拓展性。

室内家具设计过程中的立体构成的应用，在动感层面的展现也有着积极作用。在立体构成中的运动形态对人的注意力有着影响，在视觉层面的效果发生变化，就能以渐变的方式加以体现。不仅如此，在立体构成的设计应用中量感以及深入感也能充分呈现，在形态的体量层面能给人以健康以及抵抗外部阻力的美感，在设计的可观性层面就能有效增加。

室内以及家具设计过程中的立体构成的应用是以人们的视觉为基础的，然后和物理力学的理论相结合，在造型的应用下创造出的艺术形态。立体构成在艺术感染力的角度能赋予生命力以及创造立体构成的动感。在赋予生命力层面，主要是自然形态旺盛生命力能产生美的感受，将这一生命力的表现形式积极地挖掘，在立体构成当中加以应用，就能在设计方面呈现出精神力量，充分呈现人的立体构成美感。

二、室内及家具设计中立体构成应用表现及具体应用

室内及家具设计中立体构成应用表现。室内及家具设计过程中，对立体构成的应用在多方面能得以体现，构成主义中的立体构成在室内以及家具设计过程中，是以反传统的艺术形式呈现的，也就是对传统的社会意识进行改变，采用新的观念对艺术工作加以理解。在室内设计过程中，立体构成主义的应用设计对独特设计有着追求，在对新奇特的美学观念方面比较重视。立体构成在室内以及家具设计中的应用，对传统设计师的创作方法有着影响，对传统设计的装饰结构思维定式有了突破，从而形成了反传统的艺术设计表现形式。

构成主义中的立体构成在室内设计当中的功能性表现中，在室内舞台布景以及装置设计运动层面，就有效地将机器美学以及功能性进行了有机结合。这样就体现出了室内以及家具立体构成设计应用的另一表现，也就是在功能性的应用表现方面有着鲜明呈现。

室内及家具设计过程中的立体构成应用还表现在理性层面，立体构成实际应用中设计师对理性化设计的积极性有了展现，设计中对材料以及技术的重视度有着强调，将其作为理性主义的派别就顺其自然。构成主义者试图将室内以及家具设计从传统的美学当中解放

出来，对室内设计的基本形式表现也比较重视。构成主义立体构成中的理性表现在运动和实践因素的引进层面得到了充分重视。我们也能从室内家具的设计层面对立体构成的理性表现观察出，设计中对折叠家具的设计比较重视，功能性的设计也是立体构成设计中的理性表现。

室内及家具设计中立体构成的具体应用。对于立体构成在室内和家具设计当中的应用，要注重科学方法的实施，笔者结合实际对立体构成的具体应用进行了分析研究，以助于立体构成的应用作用充分发挥。

室内及家具的设计过程中，对立体构成的应用在氛围营造当中加以应用比较重要，其中在室内界面的装修中，主要是对室内的顶棚、地面内的空间界面以及分割空间实体和半实体等，结合创意加以表达处理。立体构成在室内界面的装修过程中能起到积极的指导作用，在形式法则的应用下，能在生活中比较复杂的以及形态各异的造型提炼的基础上，进行要素分解加以应用然后实施归纳总结。这样就能够在界面方面形成特殊的视觉符号，在对室内空间的人文气息的增加层面就可有效呈现。立体构成的应用中，在形式法则应用下，将情感特征的空间氛围合理化营造。室内界面装修过程中的节奏韵律以及对比调和等，都能得以优化实施。有的设计人员为追求设计的单纯性，就通过留白的方式加以应用，这样在空间层面的想象力就能创造。

将立体构成应用在室内陈设以及面材层面也要注重方法的科学性，面的长宽度以及深度都要充分重视，而在深度上就会受到相应尺寸的制约，具备着延伸以及平整性的属性。面材的构成在形式上是多方面的，立体插接的构成以及折叠构成是比较常见的。例如，在室内商店展示台的设计中，比较常用的就是插接构成的方式，主要是把面材裁出相应的缝隙，接着就实施插接，起到相互钳制的作用，这样的设计就能体现出简约的风格。块材和室内设计中的立体构成设计应用方面，在家具的设计当中是比较常见的，其中对座椅的设计中的立体构成的应用，就能反映出工业文明社会人们对自然形态的喜爱，从而将立体构成的人性化理念加以融入，来满足人们的实际需求。

家具设计中的立体构成设计应用，在空间意识方面展现得比较多。立体形态能够从多方面进行观察，对立体形态的创造有着积极作用，这就需要在多角度的变化层面加强重视，进行反复的体会以及推敲。立体的形态以及空间两者有着紧密联系，在具体的家具设计中，要从多方面对立体形态以及空间变化进行考虑，立体形态创造中要注重实体和空间的包容渗透。家具的形体方面对空间的占用是和物质量块以及空间加以表现的，在空间的设计中是可视的部分，通过立体构成技术能加以呈现，这就需要设计师对立体构成把握应用。

将立体构成中的重要因素应用在家具设计过程中，也能起到积极的促进作用，其中在点材应用方面，柜门以及门把手的应用比较突出。我国传统家具的纹样设计中，对点材的应用就能起到美化以及调和的作用。通过将立体构成科学化地应用在室内设计以及家具设计中，就能在整体设计层面加以优化。

室内以及家具设计中的立体构成设计应用，对实际设计的优化作用比较突出。本节通过从多方面对立体构成的原理以及实际应用进行研究分析，从理论上为实际设计提供了理论支持，有助于室内设计以及家具设计的进一步发展。

第八章　现代室内空间设计

第一节　室内空间设计的发展趋势

随着科学技术的不断发展、人们生活水平的不断提高，我国室内空间设计也朝着健康、绿色的方向不断发展。室内空间设计的观念，已从以往单一的居住设计转变为多元化设计，在新时代下，也能够满足现阶段室内空间设计对多元化设计的内在要求。

室内空间设计是人们生活设计活动中的关键组成部分，和建筑设计方面存在诸多相似点，即均需思考与衡量精神及物质方面的功能要求，同时也均需坚持设计美学。室内是人们生存活动的重要载体，所以，可将室内空间设计视作人们所服务的一种设计方式，其最终目的在于通过设计的方式，来营造出人们最为喜爱的生活空间。

一、室内空间设计的意义

现阶段，人们的日常生活受到了室内空间设计的积极影响，也发生了诸多变化。其不但完善了人们的日常生活，也提升了人们的生活品质，让人们在居住过程中能够感到一种内心层面的喜悦感与愉悦感。具体来说室内空间设计的意义，详细内容体现如下。

其一，通过室内空间设计，利于完善人们的生活环境。伴随社会经济的飞速发展，生活节奏的不断加快，各个领域对自然环境的破坏越发恶劣，在此情况下为营造出一个良好的居住环境，保障人们的身心健康，则应积极进行室内空间设计，以此来达到上述目的。

其二，室内空间设计在不断地完善与发展之下，已然成了一门艺术，该艺术是集色彩、美术、光学及音乐于一身的一种全面发展的艺术，在这项艺术中也能够体现出诸多装饰材料彼此融合的结果，让艺术成果能够获得淋漓尽致的体现。艺术品最为本质的价值是欣赏价值，而室内空间设计的重要目标就在于让人们居住在令人满意的艺术作品之中，让人们能够深深感受到居住空间的艺术魅力。

其三，通过室内空间设计，能够实现绿色环保的设计理念，将废物变为宝物，将一些无用的废旧物品进行创新，使其能够成为室内空间装饰之中的亮点，同时在室内空间设计之中，结合物质和空间结构，利于充实室内空间，增强人们的居住体验。

二、室内空间设计的发展趋势

室内空间设计的发展趋势，详细内容体现如下：

人本主义。在社会生产力不断发展、人们心理及生理需求不断变化的同时，室内空间设计的人本主义发展，也越发受到人们的重视，通过这种设计方式，利于满足人们的身心需求，且这种需求，也是创造艺术的重要动力。国外设计师普罗斯曾说过，人们普遍认为设计有三维，这三维为经济、美学以及技术，但殊不知最为关键的是第四维，即人本。在设计过程中，不但需强调设计的实用性，也需注重设计的人本因素，将精神内涵体现其中，以满足人们的精神文化需求，这也是现阶段室内空间设计观念中最为突出的表现。

室内空间设计的本质目的在于人，为了人的居住体验，以及精神功能及物质功能方面的需求，而逐渐完善室内空间设计内容，凸显出室内空间设计的重要价值。在室内空间设计中，人本主义设计理念，要求设计者在设计期间，将人类的诸多需求放在最为重要的位置，在设计过程中也需做到时刻为人们着想，判断其是否能够满足人们的诸多需求及要求。另外，设计者在构思时，还应将人本作为关键参数。对此，应进行市场调查，了解广大消费者的实际需求，如生活习惯、文化品位以及消费水平等，并以此为前提，来思考与衡量总体设计的风格及定位，如此才能够使室内空间设计做到有的放矢，满足不同消费者对不同居住环境的不同要求。

室内空间设计的人本主义主要表现在以下几方面：首先，功能组织科学满足人们的身心需求。其次，利用美学原理，配合各种光色与造型，确保其满足人们的审美。最后，将地区特征、历史文化以及现代技术等融合在一起，设计出富有时代价值的现代居住空间。

绿色设计。绿色设计也被称之为生态设计，该设计思想最早源自美国的一项环境污染法条，其和现阶段环保设计的内涵基本一致。但作为一项新型的设计观念，其是来自西方设计领域对艺术价值的思考体现。在进行绿色空间设计时，需着重考虑环境属性，这种环境属性指的是可维护性、可拆卸性以及可回收性等诸多方面，在符合环境要求的前提下，确保其设计功能的完善性。

在室内空间设计中，引入绿色设计概念，有利于保护环境，节约各项资源，所以在设计过程中，应善于利用绿色设计的方式，来和谐人与自然之间的关系，但是同时也需以此来满足人们的生理及心理要求，重视室内空间湿度和温度的调节，以及材质色彩等方面，确保各个方面的科学性与有效性，最大限度地为人们创造出一种富有艺术美感且舒适的居住空间。

极少主义。极少主义是以净化、否定等类似的思维方式，来摒弃以往烦杂琐碎的思维方式，进而以最为简化的方式来表现出精巧复杂的空间结构，让整个居住空间能够给人一种简洁舒适的感觉，这种设计方式也是现阶段室内空间设计的一种潮流。以极少主义的主要特点来说，则为高度理性化，切实抛弃以往不必要的复杂装饰，使室内空间能够只保留最为基本的元素，其不但在净化方面的思维上有所要求，也对室内空间内家具的选择以及布局等方面有着尺寸要求，绝不可过于烦杂。利用这种设计方式，也简化了诸多设计环节，节约了不少时间。在以往室内空间设计中，设计者为更好地充实空间，普遍会将整个室内环境装饰得满满当当，但运用极少主义的设计方式，则会营造出充足的室内空间，满足人们对室内空间的潜在需求。其通常是运用冷峻、坚硬的直线条，来设计室内空间，同时又不会缺乏趣味性。

民族化。室内空间设计也是一种历史文化的体现，为我国民族内涵及精神的一种延伸方式，通过利用历史文化所蕴含的诸多内容，融合现阶段科学技术，来设计出室内空间，能够满足人们居住的多重需求，也能够发扬与传播我国优秀的历史文化。

儒家讲究"天人合一"的哲学观念，这一观念也是我国设计者所坚持的一项设计领域的哲学，形成了我国传统设计最为本质的哲学内涵。在道家思想中，也将空间概念阐述在了"天道观"之中，上述内容不但充盈了我国室内空间设计的内容，也由此生成了很多空间，如共享、彼此借景以及穿插等。空间和空间之间的隔断为过渡空间的一种方式，通过这种方式能够达到隔而不断的目的，以增强室内空间的流动性。帷幔及屏风等，都是我国的传统家具，然而在现阶段已被诸多设计者运用在室内空间设计之中，这不但能够体现出我国传统文化的内涵，也能够实现传统文化和现代文化之间的有机融合，使设计者在设计期间能够设计出一种超越自我，甚至是时代的室内空间。

智能化。智能化室内空间主要指的是设置智能化系统的居住空间，以实现智能化和室内空间二者之间的良好结合，且能够运用有效的服务和管理，为人们创造出一个便利、安全的居住环境。以智能化系统的定义来说，其是源于智能建筑发展，伴随各项科学技术的不断进步，以及信息技术的广泛运用，将智能化技术运用于居住环境之中，早已成为现阶段室内空间设计领域的重要发展趋势。如可通过安装通风器，来确保室内空间的空气清新；也可设置热交换装置，通过余热来实现节能的目的。以各种智能化技术，来更好地满足人们在居住过程中的精神及物质需求，因此说，我国室内空间设计，应朝着这个方向不断地追求发展与进步。

总而言之，室内空间设计是融合物质文明和精神文明两者之间的重要桥梁。现阶段，随着人们生活节奏的不断加快、各项干扰因素的增多，不少居住者都想要通过设计的方式，来改善自身的生活环境，提高自身的生活质量。在此背景下，我国空间设计应善于向以人为本、绿色设计、极少主义等诸多方面谋求发展，从而凸显出设计价值。

第二节 样板房室内空间设计

随着中国城市化进程的日益加快，城市化人口数量猛增，人们对住房的需求越来越高。房地产业空前繁荣，城市建设了大量的商品房，售楼处随处可见。地产商为了促进销售，在进行项目规划的时候就将样板房的设计和施工考虑在内,开拓出具有强烈导向性的样板房空间设计。本节主要探索样板房的设计特点和创新设计,以期对未来样板房的优化设计提供一点思路。

一、样板房室内空间设计特点

样板房概念。样板房是对商品房的特定包装,购房者可以对未来的房子进行参照装修。样板房作为楼盘的脸面,设计的好坏直接影响着房子销售的快慢。作为刺激楼盘销售的一个重要手段,开发商特别注重样板房的规划和设计。

样板房设计的目的。样板房设置的主要目的是展示促销,为了保证样板房的整体美观效果,开发商往往不太考虑成本,样板房的装修费用甚至可以达到房屋自身价值的20%～50%,在装饰材料的选择上也是力求尽善尽美,不惜花重金采购。

样板房的设计者需充分考虑居住者的心理特点和实际需求等方面,积极做到少而全、简而精,在层次分明中体现主人的魅力。

二、样板房的创新设计

室外景观室内化。科技的高速发展使人们的生活得到了很大的便利性,但是在享受方便的同时,也被自然面积减少所困扰。因而一些室外的自然景观元素如山水花草被设计师引入室内,制造出了别有一番趣味的室内园林。于是,室外景观室内化变成了一种新的设计手法,也越来越受到人们的认可和欢迎。在样板房设计过程中,可以结合其他一些成功经验,大胆地将室外景观、建筑设计等要素充分地融入室内环境设计中,注重艺术与空间的完美融合,营造一个独特的、优美的室内环境,以此来吸引消费者的目光。

简单来说,室外景观室内化指的是用借鉴或移植的办法将室外美丽的景观移入室内。它的作用主要体现在以下几个方面:第一,在使用功能上,如绿色植物的光合作用能净化室内空气,小型喷泉或其他水体的循环能产生具有保健功能的负离子,美妙的景物还能使人心情愉悦,心理得到宽慰。第二,能提高人的审美品位和情趣,提升居住者的文化内涵,使人们能够真正地亲近自然、回归自然,消除人们紧张疲乏的状态。

环境风格的创新。环境风格是室内空间设计最重要的一个方面,设计师在风格的把握上不仅可以采用功能流畅、开敞便捷的现代风格,也可以采用层次多变的绿化来点缀,间隔出不同的功能空间。例如,当目标客户为中高产阶级时,可以把风格定位为简欧风格,颜色以黑白为主调,努力营造一种精致典雅、低调奢华的效果。总之,在设计样板间时,设计师需要大胆创新,设计作品中能够体现设计师自身的风格,既要出效果也要保持个性。

空间布局的创新。用自然流畅的动线来组织空间,做到紧疏有序、节奏感强。在保证各功能空间衔接合理的情况下,寻求空间的可能性和延展性。强化居住功能及收纳功能,巧妙精致的平面分区能够满足居家的基本要求,创造出轻松宽敞的空间氛围。

功能空间的灵活多变能够适应样板间的空间布局，也能够满足业主随着年龄、家庭结构变化等不同阶段对空间的多元化的需求。

把各功能空间如厨房、卫生间、工作间集合到入户的空间内，灵活分隔各功能空间，使空间更具开阔性和自如性，也可以采用硬性的隔断、家具组合隔断或软隔断分隔。

良好的收纳性对于居家空间尤其是样板房的设计具有举足轻重的作用。设计师在样板房设计中应寻求多种方式增加收纳功能。

材料的选择。样板房有示范和引领的作用，所以在进行样板房设计的时候，设计师可以大胆选择新型、环保和节约的材料。尤其是随着信息技术的发展，设计师应多选择功能性强、智能化高的装饰材料。

色彩及陈设配置设计。在进行样板房设计时可以充分利用色彩的物理性能和色彩对人心理产生的影响，把握色彩的配置。例如，当墙面的面积过大时，可以采用收缩色；当室内柱体过细时，可以采用浅色系；当柱体过粗时，宜采用深色系，可以减弱粗笨之感。

陈设的选择方面应根据样板间的装修风格和色彩来配置，所选家具、艺术品都应服从这一主题。

三、未来样板房室内空间的优化设计

未来样板房设计将更加注重人性化设计，主要体现在其功能空间的划分更趋合理、内部功能更细化、外部功能共享化等方面。

功能分区更合理。样板间的设计具有明确的目的性，希望通过设计刺激消费者的购买欲望。而室内设计最重要的方面就是对功能空间进行合理的划分。居住型样板间的空间一般可以划分为起居室、卧室、餐厅、书房、卫生间、厨房、阳台等主要空间，在设计的时候，将各功能空间进行合理的划分，如动区和静区有效设置，使之相互不影响，还可以将一些不起眼的空间充分利用。由于样板房空间面积具有多样性，应区别对待。

内部功能更细化。居住型样板房设计一般是以卧室为主要居住体系的，功能区域的划分细致，充分利用人体工程学的原理对各功能空间进行精细化设计。以卧室的储藏空间设计为例，需要设计师考虑储藏间类型、衣柜功能分区的储藏形式和尺寸、构件与选材、整体衣柜模块等要点。所以，未来的样板房设计都会向精细化方向发展。

外部功能共享化。目前，许多样板间都位于大型商品房群之中，其共享空间丰富多彩，如建筑商品房内部共享空间，其空间形态丰富，可以为样板房提供一个高品质的外部空间。

样板房不是一个简单的展示行为，它除了把居住者今后的家居生活灵活地勾画在眼前，让居住者看到前沿的设计潮流，还可以把新房的室内空旷感缩小，使居住者更真切地感受到以后的生活空间。样板房的设计是整个楼盘风格与文化的再现，透过样板房设计，能让购房者感受到一种优良的居家氛围，体验倍感舒适的生活方式。

因此，设计师在设计样板房空间的时候，需要把真实空间与想象空间合二为一，用光线和影像去表达设计理念,为了强化设计构思要善于使用新的材料和技术,不断追寻新的创意,不断挖掘出楼盘本身的文化内涵。

第三节　室内空间设计中的环保

如今家居设计装修在人们生活中成了不可或缺的一部分,但一部分人对居室环保标准了解得不是很全面,更多人注重的是如何把它装修得华丽,更具个性化。其实,房屋装修,环保健康才是首位。因此,在房屋装修时,我们应遵循简单、实用、环保、健康的原则。

早期人们在装修时,基本讨论的都是谁家用了什么样式的地板、谁家的墙面什么造型。如今,很多人对花哨装修材料产生了审美疲劳,但在生态环保方面花钱却毫不吝啬。在室内装修后摆放各种盆栽花木、在客厅里布置一个水族箱、室内花卉相映等,这些不但美化了居室,提高了环境质量,更充满自然趣味。眼下,人们对生态、环保的追求和渴望成为生活的主旋律,装饰装修的环保问题成为全社会关注的热点话题。

一、室内设计中环保对生活的影响

如今环保问题已经成为人们关心的问题。因为环保的好与坏直接影响着人们的健康,人在室内的活动时间远远多于在室外的时间,所以室内中的环保更加成了大家关注的问题,对未来人们的生活有着深远的影响。

空气清新度是指室内空间空气中某些有害气体、代谢物质等不能超过一定的含量,甲醛、二氧化硫、氡气、二氧化碳、挥发性苯等都属于有害气体。

二、什么是室内设计的环保

如今楼房建设发展飞速,越来越多的人开始重新装修自己的房屋,并以此作为生活水平提高的一种象征,更有些人陷入了这样的误区:不考虑材料材质是否环保,一味地追求档次,殊不知,当装修完工后,在享受成果的同时,也把一些有毒超标的产品材料带进了生活中,反而大大降低了生活质量,甚至影响了生命健康。所以这里我们要了解一下什么是室内的环保设计。下面从以下几点来说说什么是室内设计的环保。

(一)室内环保的基本要素

通过实验得出结论,人们为了维护身体健康和正常发育,居室中日照光线时间每天需要超过2小时以上。这是日照最基本的要求。太阳光可以杀死空气中的微生物,可以提高机体的免疫力等。

（二）室内设计中环保的分类

在了解了什么是室内设计的环保之后，下面说一说绿色环保健康生态的设计都有哪些分类，通过这些分类，我们能更加了解室内设计的重要性。

空气的环保。人们时时刻刻都要进行呼吸，才能保持正常的工作和生活，所以空气的环保是至关重要的，室内的环保首先应是空气的环保。

室内设施的环保。其中室内的主材和轻工辅料也是非常重要的。

室内的生态系统。让室内的绿色生态达到自然的平衡，需要多摆放一些植物和盆景。

三、室内设计中的环保技巧

设计技巧。第一，避免过度装修，越是复杂的设计用的材料就越多，材料用得多了自然环保问题就更不好解决了。在简约设计的同时，更要注意整体结构和局部装饰性处理和居家功能，现在简约时尚是最新的设计理念。第二，用生态的方法来环保是最好的环保，所以我们应该在设计上利用自然给我们的东西去创作。第三，有效降低噪声，对摩擦、碰撞等部位采用柔性设计，可有效减少室内噪声污染。一个好的设计，才是一个环保绿色装修的开始，这一点是十分重要的，也是设计师要注意的。

材料选用的技巧。制订好了设计方向，在选材方面，笔者认为家居装修应以实用、简约为主。简约代表着品质，过度装修不但浪费人力、物力等资源，而且不一定能达到预期效果。现在的设计以简约为主，和以前复杂烦琐的施工是不一样的，如果现在你还用复杂的设计和材料，那就是落伍的表现。室内装饰材料的使用应加以限制，即使是环保材料也要限量使用，使用过量只会导致污染叠加。墙面装饰尽可能大面积使用木质板材装饰，在简约美观的前提下可将原墙面抹平后刷水性涂料，也可选用新一代无污染PVC环保型墙纸，甚至采用天然织物，如棉、麻、丝绸等作为基材的天然墙纸。地面材料的选择：地面材料的选择较为广泛，如地砖、天然石材、木地板、地毯等。在选用复合地板或化纤地毯前，应仔细查看相关的产品说明。若采用实木地板，应选购有机物散发率较低的地板黏结剂。现在市面上多是复合地板，对胶的使用都是比较多的，相对来说污染就更严重。环保效果比较好的还是实木地板，但是实木地板现在的价格是很高的，如果经济条件不允许，选用复合地板一定要用大厂家的地板。顶面材料的选择：室内的举架如不高，可不做吊顶，直接选用环保石膏板做平棚。若局部或整体吊顶，建议用轻钢龙骨纸面环保石膏板、硅钙板、埃特板等材料替代木龙骨夹板。软装饰材料的选择：窗帘、床罩、枕套、沙发布等软装饰材料，最好选含棉麻成分较高的布料，并在使用前多清洗几次。好的材料是环保设计的基础，所以我们要格外注意这方面的环保要求，争取给大家一个健康绿色的室内环境。

装修技巧。装修是讲究风格的。风格既是主人审美观的集中体现，也是居室魅力的所在。家居装修材料中都含有一定量的甲醛、苯系列物、氨、放射性等有毒物质，其中，漆最为严重。所以选择好木器漆是关键。目前市场上的木器涂料分为水性涂料和溶剂性涂料两大类，大多数消费者都会因为美观而选用溶剂性涂料，但是大部分的溶剂性涂料都含有游离 TDI 和重金属元素。而游离 TDI 在长达数年的时间内都会不断散发有害物质，而铅、汞、镉、砷等重金属对人体的伤害都是致命的。更严重的是这些有害物质对人体的侵害是一个慢性毒害的过程，能够造成人体造血系统的障碍，引发再生障碍性贫血和白血病等疾病，尤其对儿童孕妇伤害最甚，所以还应多用水溶性的漆。室内设计是最贴近人们生活的设计，所以它的环保问题直接影响着人们的健康，这也是笔者研究室内设计环保问题的原因。

第四节 "人性化"室内空间设计

随着生活水平的不断改善，我们每个人在精神上的追求也在提高。生活离不开住宅，并且室内设计的好坏代表着主人的审美品位，此外我们在选择住宅的时候不仅会考量建筑质量，还包括室内的环境设计。房屋的设计要符合现代人们的审美需求，符合建筑美学的标准，创造一个更人性化、舒适化、现代化的室内环境。

近年来，室内设计添加了许多有新意的元素，在吸引消费者的同时又提高了行业水准。因此对于室内空间设计来讲，这是个前进的时代，使得室内设计学科得以发展；但这个时代同样存在问题：利益化的因素、竞争力的扩大，使得室内环境设计面临着很多社会问题。所以，我们要深入了解与研究室内环境设计，努力做出更好的设计满足当代人的标准与审美。

一、室内环境概述

房屋室内环境简单来说可称为室内环境，归属于建筑装饰的一部分。室内环境整体是指建筑内部构建出的内部空间的装饰性与实用性。在 18 世纪末期，建筑装饰和建筑学的概念经常混在一起，很多建筑学家认为，装饰可以区分为建筑艺术与单纯的房屋设计两种。随着工业革命的展开，建筑的认知范围扩大，当代的建筑装饰观念被建筑设计所代替；近些年人们又有了对建筑装饰的新认识。

二、室内环境形式与色彩的设计和搭配

室内空间环境在色彩设计上，主要有三点。第一是进行主体色设计，第二是对背景色进行设计，第三是点缀色设计。层层递进，相互关联。在主体色确认之后才可对背景色和点缀色进行选择设计。在整体的选择设计上，要与整个空间色调进行统一，背景色、点缀色要与之相呼应，从而营造出自然、舒心的氛围。主体色是指家具等陈设的颜色，家具等

主体占据了室内大量空间，其色彩的选择决定了整个色彩设计的主色调。背景色在空间设计中所占比重较大，在设计上没有特殊的规定，一般都是根据客户需求进行选择和设计。点缀色是室内环境设计的最后一步，它可以提升室内环境色彩，突出设计的个性，凸显设计的美感。

三、室内环境所用材料的选择

室内环境设计中材料的合理选取与搭配对室内环境有着至关重要的作用，同时也体现着主人的审美品位，通过装饰材料的选择与搭配，能在视觉上体现出主人的性格特点及生活品质。装饰材料的选择能够使装饰材料得到充分的发挥，使得搭配更加合理，在和材料之间相互陪衬中实现和谐，在有限的空间内给人带来舒适感。不同的室内装饰区域采取不同的装饰材料，能带来不同的视觉感受。要想设计出美观、有特色的方案，我们就要充分利用装饰材料进行合理搭配。总的来说，我们在进行室内设计时要考虑客户的建筑风格喜好，选取不同特色和作用的装饰材料，符合审美要求和房屋设计的整体统一性。在选择装饰材料时，质感也很重要，装饰材料的质感具有视觉与触觉间的传达力。粗糙、光滑、坚硬等都是人们对于质感的直接感受，因而能够最大限度地唤醒人们的精神感知，达到身临其境的效果。

四、室内环境设计中的统一性

在室内设计中要想体现出整体效果，表达设计的美感要注意统一性、整体性。若在整体性的体现中，不能实现色彩的呼应搭配，不能结合材料的使用搭配，或只注重其中一点，那这样的设计显然是不成功的，更不要说有任何设计感了。所以要进行全方位的设计，以点带面，从整体出发，在整体中把握细节，在细节中呼应整体，才能更好地处理好室内设计的整体关系，才能更好地体现出房屋室内环境设计的统一性。要想室内设计看起来美观就要从多角度、全方位进行把握，以此来达到有限的室内环境的完美融合，提高生活质量和彰显个人品位的目的。在实际生活中，局部设计影响整体效果的情况时有发生，设计人员需要从优秀的设计作品中提炼出精华，从而找到解决办法，努力减少这一现象的发生。

五、陈设艺术在室内设计中的作用

利用陈设品可以分隔空间，使空间层次感更加强烈，从而对空间效果进行升华。陈设品的色彩、功能、材质的不同，令人从视觉和心理上形成不一样的空间感受，如书架和写字台、沙发和茶几、餐桌上方吊灯往往都会给人带来空间感，使空间更富层次感，创造出空间意境。同时协调空间环境关系，现在人们都渴望"以人为本"的室内环境设计，并且要与室内外环境相结合,所以我们通常会利用植物改善室内绿化。

本节浅谈室内设计中的几个方面,从室内环境设计概述、颜色搭配、材料的选择与设计的整体性,以及陈设艺术作用来了解房屋室内设计所注重的方向。室内环境设计不只具有装饰作用,同时在空间的利用上、房屋的使用价值上都有显著体现。在满足当代人对室内环境整体风格设计需求的基础上,把握整体,注重细节。设计对色彩的搭配、装饰材料的选择有相关要求,要密切结合室内空间色彩和规格的要求,将色彩搭配与材料搭配充分利用好,而陈设艺术内容丰富,不同体量、不同功能的陈设品,是室内艺术设计的重要表现方式,在室内环境中占有重要的地位,同时也是增强空间设计整体性与艺术性的表达途径。

第五节 室内空间设计中场所精神的营建

传承中国文化让理想中的家园与时代问题进行对话以适应新的环境,是近年来室内设计者努力探索的主要方向。本节通过分析当下颇具影响力的设计案例,尝试说明室内空间场所精神的营建对于传承民族文化精髓起着至关重要的作用。

当代社会的高速发展,使我们处于一个用快速、大量、无地域性、全球化、标准化、统一规格生产和建造的环境当中。这种环境造成了物质与非物质文化遗产的缺失,人们对传统文化回归的渴望越来越强烈。因此"传承本国的传统文化精髓"成了近些年室内空间设计界的主要探讨话题。

一、场所精神与室内空间设计

中国传统文化是中国人自古以来的传统生活方式和存在状况,中国特有且丰富的地域环境决定了中国人特有的生活方式,中国人历来所特有的生活方式也产生了特有的地域文化特征。人们在这种环境中聚居生活,形成了丰富的记忆节点。例如,木雕花窗、青花瓷器、斗拱式建筑、围合式院落……这些都是传统生活方式下产生的事物,反映出传统的存在于世的方式。端午节吃粽子、过年放鞭炮、闲暇时静心品茗……这些都是宝贵的文化精髓。

古罗马时期就产生了"场所精神"这个概念,场所及其精神是建筑现象学的核心概念和中心议题。"场所精神"即任何事物都有独特而内在的精神和特性,场所也一样,具有自己的独特气氛。20世纪60年代挪威建筑历史学家诺伯格·舒尔茨认为:"特定的地理条件和自然环境因素同特定的人造环境构成了场所的独特性,这种独特性赋予场所一种总体的气氛和性格,体现了人们的生活方式和存在状况。"由此可见,场所是一个自然环境与人造环境相结合的整体,它与物理意义上的自然环境和空间有着实质上的不同,其意义在于它能够反映某个特定区域的自身环境特征和其中人们的生活方式。因此场所不仅仅以三维空间实体的形态存在,并且具有更高层面上的精神价值。场所是人们精神层面的本真的物化表现，它揭示了存在的真理，它是深藏在人们情感中的"家园"，是记忆中的"家园"，它能够使人对其物理空间产生精神上的归属感。室内空间是人类有序生活组织所需要的物质产品，室内空间作为建筑的重要组成部分，涉及千家万户每一个人的衣食住行，它为人们提供室内相关活动的物质场所，以满足人们对其使用功能的需要，同时让使用者感到舒适，产生精神上的愉悦。进一步说，空间一定要产生场所精神，让人们在其中有一种认同与归属感。场所精神意味着不同空间形式特征对于人类活动的意义，把建筑空间功能同审美及更广泛的精神需要结合到一起，使室内空间受到或带来形式美感以外的各种心理和观念的影响。它更重视精神层面的诉求。"空间"是抽象的三维关系，建筑室内空间的比例、尺度及整体与局部的组合可以带来不同的形式美。然而它更具有关键意义的一面，那就是让人感到一种人为创造的精神安适。"当我们选定了一个场所，我们就选定了自己存在于世的方式。定居意味着人与选定的环境建立了一种有意义的关系，这种关系包括一种认同的活动，也就是具有一种归属于某个特定场所的感觉。因此，人在定居中发现了自己，他的存在于世的方式也就决定了。"由此，能否将传统文化精髓通过室内空间设计的方法传承下来，场所精神的营建是其重要环节。

二、室内空间中场所精神的营建要点

发掘什么样的设计元素、如何应用到空间中是营建具有场所精神空间的关键。因为每个元素和其构成方式的背后都蕴含着不同且丰富的文化背景，它们都是由不同时代、不同地域、不同性格的人们所形成的生活方式的沉淀。

但是时代一直在不断地发展变化，人们的生活方式不断地改变，决定生活环境的事物也在不断地变化，混凝土建筑结构取代了木建筑结构，玻璃窗取代了老式花窗，现代家具取代了传统家具。正是由于生产力的迅速发展，使得传统的生活方式逐渐无法适应当今社会，从而被新的生活方式所替代。身边最"日常和普通的东西"逐渐从我们的生活中消失，但是这些"日常和普通的东西"却是记忆中家园里必不可少的点滴，想要找回有关家园的记忆，就意味着要找回那些点滴。因此如何能够让那些旧的记忆去适应新的环境，如何让理想中的家园与"时代问题进行对话"，成了近些年室内设计者努力探索实践的主要方向，这其中不乏优秀的室内空间设计案例。例如，余平先生设计的《瓦库·茶语》。在这个以喝茶为主的休闲空间内，并不像名称的字面意思那样是收藏瓦、瓦当的博物馆，而是作品中的主要元素是瓦。进入空间中，有不同形制的瓦构成的墙壁、隔断，并且有些还嵌覆在门窗上，或是陈列在架格上，空间中搭配木、罐、植物，使人置身其中深刻地体验到质朴与自然，空间给人带来的是一种强烈的亲切感。余平先生在解释设计"瓦库"的初衷时说道："瓦是我们生活中极其熟悉的素材，它是保障人类生存生活的见证，记录了几千年来人类历史的文明和智慧。西安是秦砖汉瓦之都，生活中、书本中没有离开过瓦，对瓦我想大家都会有同感，因为我们同在屋檐下生活。"

中国人历来所特有的生活方式让瓦成了覆盖屋顶的建筑构件，我们在这样的屋檐下生活了成百上千年。而现如今"瓦"这个原本只是为了防风防雨的小小建筑构件，却在设计师的眼中成了独具民族特色和地域特色的符号。而它之所以能够成为民族性、地域性的象征符号，正是出自人们对它的认同感与归属感，其实也就是对原有生活方式的认同感与归属感。瓦所具有的这种潜意识民族符号特征，给人以强烈的文化认同，使其成了能够代表本民族文化的室内设计元素，设计师通过对瓦的深入独到的理解，巧妙地利用重组，并经过不断的设计思索将其作为一种设计元素以重构的方式再现于现代城市环境中，让人们重新审视与感悟它。当人们置身于瓦所营建的空间中时，"家园"般的亲切感油然而生，这种场所感正是对原有生活方式的追忆。

再如建筑师登琨艳先生以唐代兴盛百年之久的长沙铜官古窑为切入点设计的餐饮空间《长沙窑主题餐厅》。这个餐厅，给人的感觉就像是进入了一个小小的博物馆，这里你可以看到铜官古镇随处可见的低温微烧的夯土墙和用长沙窑烧制出的碗碗罐罐所装饰的墙面，而用废弃的匣钵垒成的隔墙也成了主要设计元素贯穿于整个空间。在这个餐厅中人们能感受着长沙窑所传递的深远的文化内涵。通过这一案例可以看出，窑炉中用来烧制的匣钵和用来盛物的碗罐，都已经舍弃了原本的使用功能，通过设计师对其重新定位、组合及应用，使它们得以用崭新的姿态出现在不同的空间中，而这些长沙所特有的碗罐、匣钵、夯土等元素就成了反映特定区域人们生活方式的符号，从而营建出了一个具有生活的特性和存在立足点的空间，传承传统文化精髓、营建具有家园般场所精神空间的关键。

通过以上两个优秀设计作品不难看出，设计师所运用的营建室内空间场所精神的设计元素"碗罐、匣钵、夯土"与"瓦片"正是"最日常和普通的东西"，是"生活的记忆"。以"瓦片"来说，虽然现在城市中造房建楼大部分已经不需要用瓦片来覆盖屋顶，瓦已经失去了原有存在于世的方式，但是用瓦来营建的习惯依然未变。设计师给了这些"生活的记忆"得以实现的场所，虽然已经不将它用于屋顶，而是成为代表本土文化的一种符号、成为设计的一种元素，但是营建的习惯得以实现，建立了一种认同与归属的关系。设计师通过瓦这个具有归属感的设计元素载体唤醒了人们旧的记忆，通过自己独到的理解，巧妙地利用重组，并经过不断的设计思索，在室内空间中营建出了一种既熟悉又具有独特感的场所精神，让人们有了一种认同与归属感。

一个生动和独特的场所会对人的记忆、感觉以及价值观直接产生影响，所以，地方的特色和人的个性是紧密结合在一起的。人们会把"我在这"变成"这是我"。

三、室内空间中场所精神的营建手段

如果说营建室内空间的场所精神是室内设计的最终目的，那么场所精神的营建方式就是通向这一目的的重要手段。现代室内设计环境氛围的创造和场所精神的反映，需要着眼于对环境整体的考虑。对环境整体有足够的了解和分析，重视室内环境各部分的主次关系。

根据不同空间的性质需要，对设计主题进行有意识的强调和呼应，使整个室内空间主次分明，形成同一精神主题。这个过程需要每一位设计师通过多方位的手段去实现其设计立意，不但需要通过"点、线、面"的符号元素的组合，而且需要充分运用设计元素的材质、光线、色彩等因素，共同营建场所氛围，表达设计主题。下面通过几个典型案例说明室内设计中场所精神的营建手段。

（一）室内空间中点要素的场所精神营建

在室内设计中，很多具有独立存在特质的元素大都以点的形式出现。点相对于它所处的空间可大可小，具有相对完整的造型特征，可以独立地传达出一定的文化信息，通过形、色、材质、大小与周围环境形成对比，统领空间风格主调，形成特定的场所感。如我们常见的传统民居中的木雕、石雕、砖雕装饰及明清家具摆件等，都具有完整的艺术造型特征，它们在室内空间设计中就多以点的形式出现，达到我国传统民居文化信息在空间中的传达，从而形成其空间自身的场所精神。

"点是营建场所精神最基本的设计手法，它具有凝集人们视线的作用，从而形成空间中的视觉中心，并成为标志性的象征。"如《北京福鹿名肴会》，在这个设计案例中，设计师运用中国传统建筑中的斗拱元素，通过重组的手法，设计成硕大的"绿如意"装饰，将其悬挂于餐厅入口大厅之上，用来象征吉祥如意、永保平安。周围伴有现代中式花窗呼应，使之成为视觉的焦点。到访的来客虽然身处钢筋混凝土的建筑空间中，但当视觉触碰到这样的点睛之笔后，久违的记忆被唤醒，仿佛又回到了我们所熟悉的中式传统建筑中，通过重构的斗拱式的巨大装饰所营建出的家园般的场所精神就这样潜移默化地影响了到访的人们。

（二）室内空间中线要素的场所精神营建

线在数学上的定义是点的移动轨迹。在营建室内空间场所精神的过程中，线通常是形成造型的最基本的设计语言，在空间中起到连接、贯穿、导引的作用。线元素一是具有线性特征的单一构件，可直接拿来，也可将其变形抽象、转换材料和色彩特性，应用于室内空间中，以适应空间的需要。二是一种元素的排列组合。如传统民居建筑的砖、瓦连续排列形成线形元素。同时还有一种排列，即适当距离的两个元素产生相互牵引的作用力，能形成一条象征性的虚线。这种组合排列方式，能产生强烈的方向感和引导性，达到场所之间的呼应与精神特质的传达。

组成线的单一元素符号一般对空间的影响较小，所以必须很好地确定在空间中的位置与作用，与其他元素配合使用。

（三）室内空间中面要素的场所精神营建

面是线运动的轨迹，是点和线元素依附的背景。它是限定空间的主要因素，是室内空间场所精神营建手法的载体。每个界面的尺度、材质、形式以及它们之间的空间组织关系，能够决定它们所围合的空间的质量，从而影响室内空间场所精神的形成，因此营建室内空间场所精神离不开面的运用。

面所处的位置常常有三处，即顶界面、底界面与侧界面。设计元素大量运用于顶界面的较少，只起到局部的点缀和空间限制作用。底界面即地面，它的形式、色彩、图案以及材质等反映出空间的界定程度，同时也起到视觉背景的作用。侧界面主要是指墙面，墙面是视觉上限定空间和围合空间设计元素大量运用于顶界面的较少，只起到局部的点缀和空间限制作用。底界面即地面，它的形式、色彩、图案以及材质等反映出空间的界定程度，同时也起到视觉背景的作用。侧界面主要是指墙面，墙面是视觉上限定空间和围合空间的最积极的要素。设计元素单独或重复使用，可以形成空间的强化，集中视觉的注意力，从而达到一定精神场所的标识性与引导作用。例如，国外设计师隈研吾设计的"北京上下店"，他用以营建场所精神的设计灵感来自长城和普洱茶砖。他将铝制的板材做成H形格子框架，仿照长城的砌砖形式搭建了一个个虚拟的城墙，并将其层叠使用，空间的层次感使置身其中的人仿佛看到了长城的垒垒砖块。这种极具创意性的设计手法非但没有将地域特色弱化，反而使之强化，并赋予其新的时代性。

面是承载空间场所精神最主要的信息，面可以保证信息传达的完整性，因此元素通过点或线的密集而有序的排列形成界面，从而达到场所精神的传达。同时由于元素构成采用的现代设计基础的构成方法，面的现代元素特征被强化，从而也反映出空间的现代性。

（四）室内空间中体要素的场所精神营建

体是通过点、线、面之间的相互作用限定形成的空间。它是室内空间场所精神最完整的表现方式，体与体的空间组合构成了完整而多变的室内空间形式。体的尺度、颜色和材质，共同形成了空间的识别条件，面的形状和面之间的相互关系决定了体的形式，也决定了空间的场所特征，即空间独有的精神内涵。对多个简单元素重复形成的面元素进行空间内的组构，组成的体元素既现代又有强烈的原符号精神特性。例如，杭州的"唐宫海鲜坊"，这是一个将传统编织应用于现代建筑，通过体要素营建场所精神的典型设计案例，设计师在追求空间创意的同时，也保持了对当地文化的尊重。整个空间的主要设计材料选用南方最常见的竹板，并将中国传统的手工艺"竹编织"作为设计元素及设计手法，设计师利用空间的层高优势，编织了一个巨大的、有如波浪般起伏的竹网，营建具有独特场所精神的围合空间，这让就餐的人们仿佛置身于一个巨大的竹篓中，感受着一种既熟悉又特殊的空间体验。有场所特征的体空间，往往能引起空间体验者的注意，从而具有相对的空间提示作用。因此对设计元素的组织运用，更多的要考量总体环境"场所"氛围的营建，不单单是对构成一个场所空间的六个面要素进行三维的组织，更要考虑统一主题下对各个元素的合理取舍，达成适合的场所气氛，明确统一的室内场所精神，才能使场所信息得到完整传达。

以上优秀室内空间设计案例展示了许多熟悉的传统事物，可以通过独特的设计手段以崭新的姿态展现并存在于当今的空间中，重新营建出独特且生动的场所精神，从而使传统文化脉络继续在时间与空间中存在。

时代一直在不断地发展，人们的生活方式不断地转变，很多的事物离我们现在的生活太遥远，它们所具备的功能已经无法适应当今的生活，因此，现在的生活方式将其重新定义。"还原"意味着回到事物自身，通过不断地对越来越多的事物加上"括号"而达到一个极高的抽象层次，获得世界和存在的自然本质。设计者通过"还原"发掘日常生活中拥有内在精神和特性的事物。这些事物能够具化或揭示我们在传统社会中的生活状况和意义，给它们加上"括号"后，这些事物也将自身所固有的特性以象征性的方式充分显现出来，将自身的精神更加直接地为人们所感受，使人们将意识集中在生活中直接感受和经验事物上，从而把握住事物的本质，营建出场所精神。

参考文献

[1] 齐丰妍，吴淑晶. 室内空间色彩的人性化设计 [J]. 家具与室内装饰，2012（07）：16-17.

[2] 孙孝华. 色彩心理学 [M]. 白路译. 上海：上海三联书店，2017.

[3] 朱欢. 室内设计中的色彩运用研究 [J]. 家具与室内装饰，2016（12）：86-87.

[4] 薛然. 软装设计宝典 [M]. 北京：电子工业出版社，2016.

[5] 王雨. 色彩在室内空间应用研究 [J]. 家具与室内装饰，2016（12）：116-117.

[6] 陆晓梅. 浅析色彩元素在室内设计中的应用 [J]. 门窗，2014（11）：2013.

[7] 刘瑶. 探讨色彩搭配在室内设计中的作用 [J]. 设计，2017（07）：155-156.

[8] 龚慧媛. 室内设计中色彩的运用浅析 [J]. 建筑与装饰，2017（02）：85-86.

[9] 严建中. 软装色彩教程 [M]. 南京：江苏凤凰科学技术出版社，2016.

[10] 陈诗雅. 色彩在现代家居中的应用 [J]. 家具与室内装饰，2016（09）：114-115.

[11] 冯俊. 色彩在室内空间设计中的功能及使用原则 [J]. 大舞台，2014（05）：63-64.

[12] 徐士福. 色彩在现代办公空间设计中的运用研究 [J]. 包装工程，2012，33（02）：16-18，35.

[13] 理想·宅. 家居软装速查 超美感室内装饰搭配技法 [M]. 北京：中国建材工业出版社，2017.

[14] 黄磊. 城市社会学视野下历史工业空间的形态演化研究 [D]. 长沙：湖南大学，2018.

[15] 俞剑光. 文化创意产业区与城市空间互动发展研究 [D]. 天津：天津大学，2013.

[16] 孙倩. 基于台北市历史建筑再利用的文化创意空间设计研究 [D]. 天津：天津大学，2012.

[17] 马仁锋. 创意产业区演化与大都市空间重构机理研究 [D]. 上海：华东师范大学，2011.

[18] 雷鸣. 论室内环境设计的创意空间和发展趋势 [J]. 设计艺术研究，2015（04）：22-28，68.

[19] 冷先平. 论视觉文化传播的现代民居室内装饰设计 [J]. 中国建筑装饰装修，2013（07）：114-115.

[20] 萨兴联. 凝视理论与室内环境设计研究 [J]. 山东工艺美术学院学报，2014（03）：62-64.

[21] 王叶.从城市图像消费看现代室内设计[J].理论,2013(12):81-83.

[22] 崔华春.论室内设计中的图形装饰[J].创意与设计,2016(04):66-73.

[23] 彭媛媛.中国传统文化元素在现代室内设计中的运用[J].设计,2017,30(3):152-153.

[24] 郑惊涛.关于平面设计的视觉语言分析[J].设计,2016,29(2):132-133.

[25] 胡玲玲.论室内陈设艺术的精神空间构建[J].设计,2016,29(7):80-81.

[26] 任绍辉,郭智磊.后现代风格在建筑室内设计中的应用方法研究[J].设计,2016,29(7):154-155.

[27] 许秀平.室内设计中空间形象的"实"与"虚"研究[J].设计,2016,29(10):118-119.

[28] 曹莉梅.浅谈室内陈设设计之陈设品的选择[J].经济技术协作信息,2009(36).